THE PSYCHOLOGY OF PERSONALITY

性格心理学

[奥] 阿尔弗雷德·阿德勒 著

郑世彦 译

天津出版传媒集团

天津人民出版社

果麦文化 出品

本书根据我在维也纳人民学院为期一年的演讲而写成，演讲的听众是成百上千不同年龄、不同职业的男男女女，旨在让普通大众了解个体心理学的基本原理，并阐述这些基本原理在人们日常关系中的实际应用。

　　本书的目的是：首先指出个体的错误行为如何影响社会生活和公共生活的和谐，然后教会个体去识别自己的错误，最终向他指出如何和谐地适应公共生活。

——阿尔弗雷德·阿德勒

出版说明

据瓦尔特·伯兰·沃尔夫（Walter Béran Wolfe）1927年的英译本 *Understanding Human Nature*译成。

全书脚注共分两类：句末带 * 的脚注为译者所加，其余均为作者所做的原书注释。请读者注意区分，内文不再标示。

目 录

导　言

人的命运取决于心灵。

——希罗多德

　　研究人性的科学不能带着太多的傲慢和骄傲。相反，对人性的理解需要一定程度的谦逊。人性问题是摆在我们面前的一项艰巨任务，完全解决这个问题自古以来就是人类文明所追求的目标。这门科学不能仅以培养几个专家学者为目的，而是要让每个普通人都对人性有所了解。这会触及某些学院派研究者的痛处，他们认为自己的研究只是某个科学团体的财产。

　　由于我们过着孤立的生活，没有人对人性有透彻的了解。以前，人类不可能像今天这样过着孤立、隔离的生活。如今，从孩提时代开始，我们就对人性接触甚少。家庭把我们孤立起来。我们受到自己整个生活方式的约束，无法与同伴进行亲密接触，而这种接触对于发展理解人性的科学和艺术是必不可少的。由于我们与同伴缺乏足够的接触，我们就成了他们的敌人。我们对他们所做的行为经常是错误的，我们的判断也经常是错误的，而这仅仅是因为我们没有充分了解人性。

一个众所周知的事实是：人们天天见面，相互说话，却没有任何深交，因为他们都视彼此为陌生人，不仅在社会中如此，在家庭这个狭小的圈子中也是如此。我们最常听到的抱怨就是：父母说他们无法理解自己的孩子，孩子则说父母总是误解自己。我们对待别人的态度完全取决于对他的了解，这种理解的必要性是社会关系的基础。如果人类对人性有更多的了解，就能更轻松地相处。这样一来，令人苦恼的社会关系就可以避免。因为我们知道，只有当我们彼此不了解而被表面的假象所欺骗时，不幸的事情才会发生。

现在，我们要解释为什么要尝试从精神医学的角度来研究这个问题，而我们的目标是在这个广泛的领域中为一门精确的科学奠定基础。此外，我们还要确定这门人性科学的前提是什么，它必须解决什么问题，以及它可以预期什么结果。

首先，精神病学已经成为一门需要大量人性知识的科学。精神病学家必须尽可能迅速而准确地洞察神经症患者的内心。在这一特殊的医学领域，只有当我们确定病人的内心在发生什么时，才可能有效地进行诊断和治疗并开处方。浅薄的认识在这里完全行不通。诊断错误很快会受到惩罚，而对病症的正确认识则会带来成功的治疗。换句话说，这是一种测试我们人性知识的非常有效的方法。在日常生活中，对一个人做出错误的判断不一定会产生引人注目的后果，因为这些后果可能在错误发生很久之后才会显现，它们之间的联系并不明显。我们常常惊讶地发现，对一个人的错误判断产生的巨大不幸在几十年后才会显露出来。这些令人沮丧的事件告诉我们，每个人都有必要也有责任掌握关于人性的实用知识。

我们对神经症的研究证明，在神经症中发现的心理异常、情结和失调等，从结构上来说与正常人的心理活动并没有本质区别，我们面临的都是同样的要素、前提和运动变化。唯一的区别就是，在神经症患者身上这些表现得更明显，也更容易识别。这一发现的价值在于，通过从变态案例中学习，我们可以使自己的目光变得敏锐，从而在正常的心灵生活中发现相关的心理活动和性格特征。这里所需要的是训练、热情和耐心，而这是从事任何职业都必备的。

我们的第一个重大发现是：心灵生活结构中最重要的决定因素产生于童年早期。就其本身而言，这并不是一个惊人的发现，所有时代的伟大学者都有过类似的发现。这一发现的新奇之处在于，它使我们能够在力所能及的范围内，把童年的经历、印象和态度与后来的心灵生活中出现的现象联结成一个清晰、连续的模式。这样一来，我们就可以将童年早期的经历和态度与个体成年后的经历和态度进行比较。在这样的联系中，我们有了重要的发现，即绝不能把心灵生活的单个表现看作独立的实体。

只有把这些单个表现看作一个不可分割的整体中的一部分，我们才能够理解它们。只有确定这些单个表现在整个心理活动和行为模式中的位置，也就是说，只有发现一个人的整个生活方式，并弄清楚他童年态度的隐秘目标与他成年后的态度是一致的，我们才能够对这些单个表现做出评估。简而言之，这惊人地清晰证明，从心灵运动的观点来看根本没有发生任何变化。某种心理现象的外在形式、具体表现和言语表达可能会有所变化，但它的基本要素、目标和动力，以及指引心灵生活走向最终目标的东西始终是保持不变的。

例如，一位焦虑不安的成年患者心中总是充满怀疑和不信任，竭尽所能离群索居。这个人显示了他与自己三四岁时同样的性格特征和心理活动，尽管这些特征在童年时可以得到更清晰的解释。因此我们形成了一个规则，将我们的大部分研究投向病人的童年时期，也正因此，我们发展出一种能力，经常在了解一个成年人的童年状况之后，就能够说出他现在的性格特征。我们把在成年人身上观察到的情况，视为他在童年经历过的东西的直接投射。

当我们听到病人生动的童年回忆，并知道如何正确地解释这些回忆时，我们就可以准确地重建他现在的性格模式。在这样做的时候，我们利用了这样一个事实：一个人想要偏离自己童年时期形成的行为是很困难的。很少有人能够改变自己童年时期的行为模式，尽管在成年后他们发现自己处于完全不同的情境中。即使成年人的生活态度有所改变，也不一定意味着行为模式的改变。心灵生活的基础不会改变，一个人在童年和成年期保持着同样的活动路线，这使我们推断他的生活目标也没有改变。

如果我们希望改变一个人的行为模式，还有另一个理由让我们把注意力集中在童年经历上。我们是否改变了一个人成年时期的无数经历和印象，并没有多大区别，真正重要的是发现病人的基本行为模式。一旦做到了这一点，我们就可以了解他的基本性格，并对他的病症做出正确解读。

因此，对儿童心灵生活的考察成了这门科学的支撑点，许多研究都致力于探索人生的最初几年。在这个领域中，有许多尚未被触及和探索过的材料，所以每个人都有可能发现新的、有价值的材料，这将对人性的研究起到巨大的作用。

与此同时，我们还发展出了一种预防不良性格特征的方法，因为我们不是为了研究而研究，而是为了人类的利益。尽管事先没有想过，但我们的研究进入了教育学领域，而且已经做出了许多贡献。任何希望在这一领域进行探索，希望将自己在人性研究中有价值的发现应用于其中的人，都会发现教育学是一座有待开发的宝藏。因为教育学就像人性科学一样，其知识不是来源于书本，而是来源于实际生活。

我们必须亲自了解心灵生活的每一种表现，让自己置身其中，分享他人的喜乐哀愁，就像一位优秀的画家把自己从模特身上感受到的性格特征画出来一样。人性的科学应该被认为是一门有许多工具可供使用的艺术，一门与其他艺术密切相关并对其有用的艺术，尤其是在文学和诗歌中，它更具有不同寻常的重要性。人性科学的首要目标是增进我们对人类的了解，也就是说，它必须使我们所有人都获得一种可能性，可以让我们自己得到更好、更成熟的心理发展。

这里最大的困难之一是，我们经常发现，人们恰恰在对人性的理解这一点上格外敏感。很少有人不认为自己是这门科学的专家，即便他们没有获得学位，也没做过什么研究。而且，如果有人要求检验他们关于人性的知识，几乎所有人都觉得受到了冒犯。那些真正希望了解人性的人，则是通过自己的同理心体验到他人的价值。也就是说，他们自己也经历过心理危机，或者能够充分识别他人身上的危机。

由此便产生了一个问题，即有必要找一种适当的战术和策略，来应用我们的知识。因为如果在探索一个人的心灵时，我们把自己发现的赤裸裸的事实粗暴地扔到他的面前，这无疑是最招人怨恨和批评的。我们建议那些不愿招人仇恨的人最好在这方面小心谨慎。获得坏名声的一个极好的方法，就是不小心地利用或者滥用自己从人性知识中获得的事实——这就好像在餐桌上，有人急于展示自己对邻座之人的性格知道多少或者猜得多准一样。

同样很危险的是援引这门科学中的一些基本原理作为金科玉律，以此教导那些没有从整体上理解这门科学的人。即便是那些真正理解这门科学的人，也会觉得这种做法带有侮辱性。我们必须重申前面已经说过的话：人性这门科学迫使我们谦虚。我们大可不必仓促地宣布我们的实验结果。这种做法无异于一个急于炫耀自己本领的小孩，成年人这样做实在有点不妥。

我们建议那些探索人类心灵的人最好先检验自己。他不应该把自己在为人类服务中获得的实验结果，扔给一个不情愿的受害者。他这样做只会给这门还在发展的科学制造新的困难，而实际上这与他的目的背道而驰！

这样一来，我们就不得不为年轻探索者的盲目热情而导致的错误承担责任。我们最好保持谨慎并牢记这个事实：在对各个部分得出结论之前，我们必须先看到一个整体。而且，只有当我们确信这些结论对某人有益时，才能发表这些结论。如果以错误的方式或者在不恰当的时候，即便对一个人的性格做出了正确的判断，同样会造成巨大的危害。

现在，在继续讨论之前，我们必须面对许多读者心中已经提出的反对意见。前面说个体的生活方式不会发生变化，许多人可能难以理解，因为一个人在生活中有太多经验，这些经验会改变他对生活的态度。我们必须记住：任何经验都可能有许多种解释。我们会发现，即便是同一种经验，不同的人也会得出不同的结论。这就说明了一个事实：我们的经验并不总是使人变得更聪明。

诚然，一个人学会了避免某些困难，也获得了一种对待他人的哲学态度，但他的行为模式并没有因此而改变。在后面的讨论中我们会看到，一个人总是用他的各种经验来达到同样的目的。更进一步的考察表明，他所有的经验都必须适合他的生活方式，符合他的生活模式。众所周知，我们每个人都在塑造自己的经验，每个人都决定了自己体验什么以及如何体验。

在日常生活中我们观察到，人们会从自己的经验中得出自己想要的任何结论。例如，一个人总是犯某种错误，即使你成功说服他相信自己错了，他的反应也是各式各样的。他可能会得出结论：确实，是时候该避免犯这样的错误了。但这种情况是很罕见的。他更有可能表示反对：这个错误已经根深蒂固，现在很难改掉这个习惯了。或者，他会因为这个错误责怪自己的父母，或自己所受的教育；他也可能会抱怨从来没有人关心过他，或者自己从小就被宠坏了，或者遭受过残忍的虐待。总之，他会寻找各种借口为自己的错误开脱。

无论寻找什么借口，他都暴露了一个事实，那就是他希望推卸自己的责任。这样一来，他就有了冠冕堂皇的理由，逃避了所有的自我批评。他自己永远都是无辜的。他从来没有完成自己想做的事情，全是因为别人的错。这些人忽略的事实是，他们很少努力去避免自己的错误。他们更希望一直停留在错误中，然后一个劲地怪罪自己所受的不良教育。只要他们愿意继续如此，这就始终都是一个有效的借口。

由于同一种经历可以有许多种解读，并且从任何一种经历中都可以得出不同的结论，这个事实使我们能够理解，为什么一个人不去改变他的行为模式，而是竭力扭曲自己的经历，直到它们符合自己的行为模式。人类最难做到的事情就是认识自己并改变自己。

任何一个不精通人性科学的理论和技术的人，在试图教育他人成为更优秀的人时，都会遭遇极大的困难。他的工作会完全流于表面，而且他会错误地认为，由于事物的外在形态已经发生变化，所以他取得了重大的成就。实际案例告诉我们，这种方法几乎不会使个体发生什么改变，所有貌似发生的变化都不过是表面上的。只要行为模式本身没有发生改变，这一切就毫无意义。

改变一个人不是一个简单的过程。这需要一定的乐观和耐心，最重要的是抛弃个人的虚荣心，因为要被改变的人没有义务成为他人虚荣心的对象。此外，这个改变的过程还必须对被改变的人来说显得合情合理。我们都不难理解这种情况：有的人会拒绝享用他本来非常喜欢的菜肴，只因为这道菜没有按照他认为合适的方式来烹调和呈现。

人性科学还有我们可以称之为"社会性"的一面。毫无疑问，如果人类能够更好地相互了解，他们一定会相处得更融洽，彼此之间会更亲密。在这种情况下，他们不可能对彼此失望，也不可能互相欺骗。对社会的巨大威胁就在于这种欺骗的可能性。我们必须向一些新同仁说明这种危险。必须能使我们的科学研究对象理解自己，理解在自己内部运作的那些未知的、无意识的力量。为了帮助那些人，必须认识到人类行为中所有隐蔽、扭曲和伪装的诡计和把戏。为了达到这一目的，我们必须通晓人性科学并自觉地实践它，而且牢记它的社会目的。

那么，什么样的人最适合搜集这门科学的材料并实践它呢？我们已经指出，仅仅基于理论来实践这门科学是不可能的。只是知道所有的规则和资料是不够的。有必要把我们的研究转化为实践，并将二者联系起来，这样我们才能获得比以前更敏锐、更深邃的洞察力。这才是人性科学理论研究的真正目的。只有当我们走进生活本身，检验并运用我们获得的理论，才能使这门科学具有生命。

我们之所以提出这个问题，有一个重要原因。在受教育的过程中，我们获得的人性知识太少了，而且学到的知识很多还是错误的，因为当代教育仍然无法给我们提供关于人类心灵的正确知识。每个孩子都完全由自己来评估自己的经验，在课堂学习之外基本上是自生自灭。我们还没有学习和教授人类心灵真正知识的传统。因此，人性科学在今天的处境就像化学在炼金术时代的处境一样。

我们发现，那些尚没有被复杂混乱的教育体制从社会关系中分裂出去的人，最适合从事人性的研究。归根结底，我们所指的这类人要么是乐观主义者，要么是还在继续战斗的悲观主义者。但仅仅与人接触是不够的，我们还必须有经验或教训。在今天教育不够充分的情况下，只有一类人能够真正理解人性，那就是悔悟的罪人。他们要么曾经陷入心灵生活的旋涡，纠缠于各种错误而最终实现了自救；要么曾经靠近心灵生活的旋涡，感受到了旋涡激流的拍打。

当然，其他人也可以了解人性，特别是那些有认同和同理心天赋的人。不过，最了解人类心灵的还是那些亲身经历过强烈感情的人。

在我们这个时代，悔悟的罪人是极有价值的一类人。他比许多正派之人都站得高得多。这是怎么回事呢？因为他越过了人生的重重困难，从生活的泥潭中挣脱出来，从糟糕的经历中获得了力量，并因此提升了自己，所以他既理解生活中好的方面，也理解其中坏的方面。在这一点上，没有人能和他比肩，即便是正派之人也不行。

当我们发现一个人的行为模式使他无法过上幸福的生活，对人性的认识就会使我们产生一种责任，帮助他重新调整使他在人生中徘徊不前的错误观点。我们必须给他更好的人生观，这种人生观可以让他更适应社会生活，更适合在人生中获得幸福。我们必须给他一套新的思想体系，向他指出另一种行为模式，在这种行为模式中，社会感[1]和公共意识扮演着更重要的角色。

我们并不打算为他的心灵生活建造一个理想化的结构。对一个困惑的人来说，一种新的人生观本身就很有价值，因为从这种人生观看过去，他会知道自己在哪里犯下了错误。在我们看来，把人类的所有活动都纳入因果序列的严格决定论并非一无是处。但只要自我认识和自我批评的力量仍然存在，并且仍然是一个鲜活的主题，这种因果关系就是可以改变的，经验的结果也可以获得全新的价值。当一个人能够确定自己行动的源泉和心灵的动力，他认识自我的能力就会提高。一旦明白了这一点，他就成了一个不同的人，就不会再逃避他的知识所带来的不可避免的后果。

1　德文原文为 Gemeinschaftsgefühl，一般译作"社会感"（social feeling），但与此概念并非完全对应，其中隐含着人类社会中的集体感、团结感及人与人的联系这一更广泛的含义。*

第一部分

性格科学

1

概　论

性格的本质和起源

我们所说的"性格特征"，是指一个人试图适应自己所生活的世界中某些方面时的表现。"性格"是一个社会性概念。只有在考虑个体与环境之间的关系时，我们才会谈到性格特征。所以，谈论鲁滨孙是什么性格几乎毫无意义，至少在他遇到"星期五"之前是这样。[1]性格是一种心理态度，反映了一个人如何对待自己所生活的环境。性格还是一种行为模式，根据这种行为模式，个体对权力的追求以其社会感的表现得到详尽阐述。

1　英国作家笛福长篇小说《鲁滨孙漂流记》中的主人公鲁滨孙海上遇险后流落荒岛，孤身一人生活了二十三年，后来救下一个野人"星期五"，将其收为奴仆。＊

我们已经看到，优越感、权力和征服他人，是如何成为指引大多数人行动的目标的。这个目标调整着个体的世界观和行为模式，并将他的各种心理表达导向特定的轨道。性格特征是一个人的生活方式和行为模式的外在表现。因此，它能使我们理解个体对环境、对同伴、对自己所生活的社会，以及对生存挑战的整体态度。性格特征是一种工具，是整体人格在获得认可和权力时所使用的技巧，在人格中所起的作用相当于一种谋生技能。

性格特征并非像许多人认为的那样是遗传而来的，或是先天存在的。它应该被看作一种生存模式，这种模式使一个人在任何情形下都能轻松生活和表达个性，而不需要有意识地进行思考。性格特征不是遗传能力或倾向的表现，而是为了在生活中保持某种特定的习惯而获得的。例如，一个小孩并不是天生懒惰，他之所以懒惰，是因为这可以帮助他更好地适应生活，同时还能让他保持自己的权力感。在懒惰的模式下，我们也可以看到个体对权力的追求。

此外，一个人可能会让别人注意到他的某种先天缺陷，从而在失败面前挽回自己的面子。他内心活动的结果可能是这样的："如果我没有这种缺陷，我的才能就会得到极大的发展。但不幸的是，我有这种缺陷！"另一个人可能因为对权力无节制的追求而卷入与环境无休止的斗争中，他将会发展出任何能够助他一臂之力的权力武器，比如野心、嫉妒、不信任等。

我们认为，虽然这些性格特征与人格紧密相关，但它们既不是遗传的，也不是不可改变的。仔细观察就会发现，这是一个人行为模式的必要和充分条件，也正是为这一目的而获得的，有时在人生之初就获得了。但这不是首要因素，而是继发因素，是因人格的隐秘目标而被迫形成的。我们必须在目的论的立场上，对它们进行评判。

让我们回顾一下前文的阐释。我们曾经表明，一个人的生活方式，他的行动、行为和立场，都与他的目标密切相关。如果头脑中没有明晰的目标，我们就无法进行任何思考，也无法将任何事付诸行动。在孩子心灵的幽暗背景中，这个目标早已存在，从人生之初就一直指引着他的心灵发展。它赋予个体生活以形式和特性，并使每个人都成为一个特殊而独立的整体，不同于任何其他的人格。他生活中的所有动作和表现，都指向这个普通而又独特的目标。认识到这一点意味着：只要我们知道了一个人的目标，就能从他的任何行为中将他辨认出来。

就心灵现象和性格特征而言，遗传扮演着相对无关紧要的角色。没有任何与现实相关的证据，可以支持性格特征来自遗传的理论。对一个人心灵生活中任何特定现象进行研究，都可以追溯到他的人生初期，似乎表明一切确实来自遗传。然而，某些性格特征为整个家庭、整个国家或整个种族所共有，其原因仅仅在于这一事实：一个人通过模仿他人，或者使自己与他人保持一致，而从另一个人那里习得了这些特征。在物质生活和精神生活中，存在着某些现实、特质、表现和形式，在我们的文明中对所有孩子都具有特别的意义。它们会刺激孩子进行模仿和学习。

孩子对知识的渴求，有时会表现为"看见"的欲望。对那些有视力缺陷的孩子来说，可能会产生好奇的性格特征。但这种性格特征的发展并非必然。根据这个孩子行为模式的需要，同样的求知欲也可能会导致完全不同的性格特征。这个孩子可能会满足于研究各种事物，把它们拆成一个个零件。在其他情况下，这个孩子也可能成为一个书呆子。

我们可以用同样的方法来评估听力障碍者的多疑。在我们的文明中，他们处于极大的危险中，而且会敏锐地觉察到这种危险。他们会遭到嘲笑和歧视，并经常被人认为是"废物"。这些都是养成多疑性格的重要因素。由于聋人注定与许多乐趣无缘，所以他们怀有敌意也就不足为奇了。但若是认为他们天生就具有多疑的性格，则是没有根据的。

那种认为犯罪性格特征与生俱来的理论，同样也是错误的。对于一个家庭出现许多罪犯的现象，可以通过提醒人们注意这一事实予以反驳，即在这种情况下，家庭传统、对世界的态度及坏的榜样，都是同时发挥作用的因素。在这些家庭里长大的孩子，可能从小就被教导偷窃是一种谋生的手段。

对于追求获得认可，我们也可以用同样的方法来思考。每个孩子在一生中都会遇到许多障碍，所以他们在成长过程中都努力追求某种形式的权力。这种追求可以采取许多不同的形式，每个人都以自己的方式来处理权力的问题。那种认为孩子的性格特征与父母相似的论断，很容易通过这一事实得到解释：孩子在追求权力的过程中，会以自己生活环境中那些重要、受尊敬的人作为榜样，把他们当作自己的行为楷模。每一代人都是以这种方式向前人学习的，并在面临追求权力可能导致的巨大困难和复杂性时，坚持自己所学的东西。

追求优越感是一个隐秘的目标，社会感的存在使这个目标无法公然发展。它只能秘密地生长，并隐藏在一副友好的面具后面！然而我们必须重申：如果人类能更好地相互理解，它就不会这样旺盛地生长。如果能够使每个人都更有洞察力，能更透彻地洞悉邻人的性格，我们就不仅能够更好地保护自己，同时也能使他人更难于表达对权力的追求，因为这样做得不偿失。在这种情况下，对权力的隐秘追求将会消失。因此，更密切地研究这些关系并利用我们所获得的实验证据，是非常有价值的。

我们生活在如此复杂的文化环境中，以至于恰当的生活教育变得非常困难。发展心理敏锐性最重要的手段已经被人们所否定。直到今天，学校的唯一价值就是把生硬的知识摆在孩子面前，让他们吞下他们愿意或能够吞下的东西，而不是特别地去激发他们的兴趣。然而，即便是这样的学校，其数量也没有满足人类的需要！迄今为止，理解人性最重要的前提仍然被严重忽视。我们也是在旧式学校里学习到衡量人类的标准的。在那里，我们学会了辨别和区分好坏，但没有学会如何修正自己的观念。结果，我们就把这种缺陷带到了生活中，且至今仍然深受其扰。

作为成年人，我们仍然在使用童年时形成的偏见和谬误，好像它们是神圣的法律一样。我们还没有意识到，自己已经被卷入了复杂文化的纷乱之中。我们也不知道，我们已经采纳了一些观点，而真正的洞见将使这些观点不可能成立。归根结底，这是因为我们从抬高个人自尊的角度来解释一切，我们想要获得更大的个人权力。

社会感对性格发展的重要性

社会感在性格发展中扮演着重要的角色，仅次于对权力的追求。正如对权力的追求一样，它也在孩子最初的心灵倾向中就表现出来了，特别是在渴望与人接触和温情的愿望中。前文已经阐述了社会感发展的条件，这里我们只想做个简单的回顾。社会感既受到自卑感的影响，也受到它的补偿物（对权力的追求）的影响。人类很容易产生各种自卑情结。心灵生活的过程——寻求补偿、安全感和整体感的骚动——在自卑感刚出现时就开始了，目的就是确保生活的安宁和幸福。

对待孩子时必须遵守的行为准则，源于我们对其自卑感的认识。这些准则可以总结为这样的告诫：我们不能让孩子生活得过于悲苦，必须阻止他过早了解到生活的黑暗面；我们还必须让他体验到生活中的快乐。在这里，经济条件起到了一定的限制作用。但不幸的是，孩子常常在不必要的悲苦环境中成长，他们遭受的误解、贫穷和匮乏本是可以避免的。器官缺陷在这里也扮演着重要的角色，因为这使正常的生活变得不可能，并使孩子认为他需要一些特权来维护自身的存在。即使我们能够有所帮助，也无法避免这样一个事实，即这些孩子会认为生活令人不快且困难重重，而这反过来又会导致他们的社会感变得扭曲。

对一个人进行评价，必须以社会感的概念作为标准，以此来衡量他的思想和行为。我们必须坚持这一立场，因为社会中的每个人都必须肯定这种社会联系。这种必要性使我们或多或少认识到，我们对人类同胞负有怎样的义务和责任。我们生活在一个社群之中，必须遵循社会生活的逻辑。这就决定了我们需要以某种众所周知的标准来评价我们的同胞。一个人的社会感发展到什么程度，是衡量人类价值的唯一标准，也是放之四海而皆准的标准。我们不能否认自己在心理上对社会感的依赖。事实上，没有哪个人能够完全摆脱社会感。

我们没有任何理由逃避对同胞的责任，社会感不断地向我们提出这样的警告。尽管这并不意味着社会感始终存在于我们有意识的思维中，但我们坚持认为，要扭曲社会感，将其撇在一旁，确实需要一定的力量。此外，社会感的普遍必要性决定了这一事实：任何人在行动之前，都必须通过社会感来证明他的行动是合理的。证明每一种行动和思想的合理性的这一需要，源于无意识的社会统一感。它至少决定了这样一个事实：我们必须经常为自己的行动寻找情有可原的理由。由此产生的生活、思想和行为的特殊技巧，使我们始终与社会感保持密切的关系，或者至少用社会关系的假象来欺骗自己。

简而言之，这些解释表明，存在某些类似社会感的海市蜃楼，像面纱一样掩盖了某些倾向。只要发现这些倾向，就能使我们对某个行为或某个人做出正确的评价。这种欺骗性的存在，增加了我们评估社会感的难度，但正是由于这种困难，将我们对人性的理解提升到了科学的高度。

现在我们将举几个例子，来说明社会感是如何被误用的。

有一个年轻人曾经说，他和几个伙伴游到了一个海岛上，在那里待了一段时间。有一次，他的一个同伴趴在悬崖边，失去平衡掉进了海里。这个年轻人弯下身子，好奇地看着自己的同伴沉下去。后来回想起这件事时他才意识到，当时他并没有认为自己的行为很奇怪。碰巧的是，掉进海里的那个同伴得救了。

但就讲故事的这个人而言，我们可以肯定，他的社会感一定非常淡薄。即使我们听说他一生中从未伤害过任何人，有时还和某个朋友相处融洽，我们也不会受欺骗去相信他不缺乏社会感。

这个大胆的假设必须得到进一步事实的印证。这个年轻人经常做一个白日梦：他发现自己在森林中的一间小屋子里，与所有人都隔绝开来。这幅画面也是他绘画时最喜欢的主题。任何理解幻想并知道他过去经历的人，都很容易发现他在梦境中重申了自己缺乏社会感的事实。如果我们不带任何道德评判地指出，他是某种错误发展的牺牲品，这种发展阻碍了他社会感的形成，这对他并没有什么不公正。

关于真正社会感和虚假社会感之间的区别，有一则轶事可以很好地予以说明。

一位老太太在准备上公共汽车时，不小心滑倒在了雪地上。她站不起来，许多人从她身边匆匆走过，却没有注意到她的困境。最后，一位男士走到她身边，把她扶了起来。就在这时，另一个藏在某个地方的男人突然跳了出来，对这位助人为乐的男士说："谢天谢地！我终于发现了一位绅士。我在这里站了5分钟，就等着看有没有人把这位老太太扶起来。你是第一个这样做的人！"这一事件表明了虚假的社会感是如何被误用的。通过这种明显的把戏，一个人使自己成为他人的"法官"，评判功过是非，但自己却冷眼旁观，没有动一根手指去帮助陷入困境的人。

　　还有一些更复杂的情况，我们很难判断其中社会感的强弱。除了对此进行彻底调查，别无他法。而一旦我们这样做了，很快就会真相大白。例如，一位将军尽管知道这场战役大势已去，但他仍然强迫成千上万的士兵去做无谓的牺牲。这位将军肯定会说，他这么做是为了国家的利益，许多人也会赞同他的说法。然而，无论他提出什么理由为自己辩护，我们都很难将他看作一位真正的同胞。

　　在这些不确定的情况下，为了做出正确的判断，我们需要一个普遍适用的立场。在我们看来，这种立场存在于社会价值和人类共同福祉的理念中。如果我们采取了这种立场，对某个特定情况进行判断就没那么困难了。

　　一个人社会感的程度，表现在他参与的每一项活动中。它可能表现在个人的习惯表达中，例如他看别人的方式、与人握手的方式或者说话的方式。又或者，他的整个人格可能会以这样或那样的方式给人留下难忘的印象，这几乎是我们直觉上的感受。有时候，我们会不自觉地从一个人的行为中得出深远的结论，以至于我们的态度在很大程度上取决于这些结论。在我们进行的讨论中，只不过是将这种直觉知识带入意识领域，使我们能够对它进行检验和评估，从而避免犯下严重的错误。进入意识领域的价值在于，让我们不那么容易受到错误偏见的影响。（如果我们允许自己的判断在无意识中形成——在这种无意识中，我们无法控制自己的活动，也没有机会做任何修正——这种错误的偏见就会活跃起来。）

让我们重申一下：只有在了解一个人的背景、环境的情况下，才能对他的性格做出评价。如果我们从他的生活中断章取义，对某个单一现象进行判断，比如只考虑他的身体状况、成长环境或教育经历，就不可避免地会得出错误的结论。这个观点非常有价值，因为它立即从人类肩上卸下了一个巨大的负担。更好地了解我们自己，加上我们的生活技巧，必然会带来一种更适合我们需求的行为模式。通过运用我们的方法去影响他人（尤其是孩子），使其向好的方向发展，并阻止盲目相信命运可能带来的悲惨后果，这一切将会成为可能。

这样一来，一个人不再有必要仅仅因为不幸的家庭或遗传的缺陷，而被判处不幸的命运。只要我们能做到这一点，我们的文明就会往前迈出一大步！新的一代将会无所畏惧地成长起来，他们将会意识到，自己的命运掌握在自己手中！

性格发展的方向

人格中任何引人注目的性格特征，都必定与从童年起就开始的心灵发展的方向相一致。这个方向可能是一条直线，也可能迂回曲折。起初，孩子会沿着一条直线，为实现自己的目标而奋斗，并形成一种进取的、勇敢的性格。性格发展之初，常常会显示出这种积极、进取的特征。但是，这条直线很容易发生转向或改变。

道路上的障碍可能来自竞争对手的强大力量，他们阻止这个孩子通过直接进取的方式获得优越感。于是，这个孩子会设法避开这些困难。他的迂回绕行，同样会决定某些特定的性格特征。性格发展中的其他障碍，比如器官发育不良、环境对个人的排斥和挫败，都会对孩子产生类似的影响。此外，社会大环境不可避免的影响，也在其中起着重要的作用。我们文明中的其他方面，比如老师的要求、怀疑和情绪所表达的东西，最终都将影响孩子的性格。所有的教育都应该采取一种最适合培养学生的方法和态度，使其朝着社会生活和主流文化的方向发展。

任何类型的障碍，对于性格的直线发展来说都是危险的。只要存在这些障碍，孩子寻求实现权力目标的路径就或多或少都会偏离直线。一开始，孩子的态度不会受到干扰，他会直接面对这些障碍，但到后来，他会完全变成另外一个人，他知道火会把人烧疼，知道在对手面前必须多加小心。他会尝试通过迁回的路线，来实现获得认可和权力的目标。他的未来发展与偏离的程度紧密相关。他是否过于谨慎，是否觉得自己满足了生活的要求，或者是否避开了这些要求，都取决于上述因素。如果他不直接面对自己的任务和问题，如果他变得胆小懦弱，拒绝直视别人的眼睛，拒绝讲真话，这仅仅是另一种类型的孩子而已——他的目标与勇敢进取的孩子并无二致。虽然两个人的行为不同，但他们的目标可能完全一样！

这两种类型性格的发展，也可能存在于同一个人身上。尤其是当孩子的发展还没有定型，他的原则仍然有弹性，他并不总是走同样的路线，而是第一条路走不通之后就积极尝试另寻他路，就更容易出现这种现象。

不受干扰的社会生活，是适应社会要求的首要前提。只要孩子对其生活环境不抱敌对态度，就能很容易地教会他适应。只有当父母能够将自己对权力的追求降到最低，不至于给孩子造成压力的时候，家庭内部的斗争才有可能停歇。此外，如果父母理解孩子发展的原理，就能避免使性格的直线发展演变为夸张的形式，比如勇气堕落为厚颜无耻、独立退化为赤裸裸的自私。同样，他们还能够避免制造任何外部权威，迫使孩子变得盲目顺从。这种有害的教育可能会使孩子变得封闭，害怕真相以及坦白带来的后果。

当压力被用于教育时，就像一把双刃剑。压力会催生表面上的适应，强迫性顺从也只是表面的顺从。孩子与环境之间的整体关系，会反映在他的心灵中。所有可能的障碍，无论是直接还是间接作用于他，都会反映在他的人格中。孩子通常无法对外在影响做出评论，而他周围的成年人要么对这些影响一无所知，要么无法理解。孩子所面对的重重障碍，再加上他对这些障碍的反应，便构成了他的人格。

乐观主义者与悲观主义者

有一种方法可以用来对人进行分类，标准是他们对待障碍的态度。第一类是乐观主义者，这些人的性格发展大致是一条直线。他们勇敢地面对所有障碍，并不把这当一回事。他们对自己充满信心，对生活抱着乐观的态度。他们对生活没有太多要求，因为他们对自己有良好的评价，不会认为自己受忽视或不重要。因此，与那些遇到障碍只会更觉得自己软弱无能的人相比，他们能够更轻松地承受这些障碍。即便在艰难的处境下，乐观主义者仍然会保持平静，相信错误终将得到纠正。

从这些人的态度中，可以立刻看出他们是乐观主义者。他们不畏首畏尾，畅所欲言，既不过分谦逊，也不过分拘谨。如果用形象的语言来形容他们，我们会说，他们就是那种张开双臂、准备随时拥抱同伴的人。他们很容易相处，有很多朋友，因为他们不会猜疑。他们讲话不吞吞吐吐，态度、举止和步态都从容而自然。除了纯真的孩童，这样的人确实很难找到。然而，只要有相当程度的乐观主义和社交能力，我们也就心满意足了。

另一种完全不同的类型是悲观主义者。他们才是教育者遇到的最大的问题。由于童年的经历和印象，这些人产生了一种"自卑情结"，对他们来说，各种各样的障碍使他们感到生活艰难。悲观的人生哲学令他们总是看到生活的阴暗面，而这正是由于他们在童年受到错误对待而形成的。与乐观主义者相比，他们对生活中的障碍更加敏感，很容易失去勇气。他们总是没有安全感，不断地寻求支持。他们的行为中永远回荡着求助的呼声，因为他们无法独立。如果他们是小孩，就会不停地呼唤妈妈，或者一离开妈妈就会马上哭泣。这种哭喊着找妈妈的现象，有时甚至在他们晚年还能见到。

　　这类人不同寻常的谨慎，可以从他们胆小怕事的态度中看出来。悲观主义者永远在算计可能的危险，想象这些危险马上就会降临。显而易见，这种类型的人睡眠往往很差。事实上，睡眠是衡量个体发展的绝佳标准，因为睡眠障碍反映了一个人在缺乏安全感时会变得更加谨慎。这类人好像永远都戒备森严，以更好地保护自己，抵御生活中的威胁。他们在生活中几乎没什么乐趣可言，对生活也几乎没有什么了解！一个睡眠不好的人所发展出的生活技巧也很糟糕。如果他的推测是正确的，他根本就不敢睡觉。如果生活真像他所相信的那样痛苦，那么睡眠真的是一种很糟糕的安排。

　　悲观主义者倾向于以一种敌对的态度对待生活中的这些自然现象，这种倾向表明他们对生活毫无准备。睡眠本身没有理由受到干扰。当我们发现一个人不停地检查房门是否锁紧，或在睡眠中不停地做关于窃贼和强盗的梦，就可以推测这个人有悲观主义倾向。事实上，通过这类人的睡姿也可以将其识别出来。通常，这类人睡觉时会尽可能地蜷缩成一团，或者干脆用被子把头蒙上。

攻击型和防御型

我们还可以将人分为攻击型和防御型两类。攻击型的态度以强烈的运动为特征。攻击型的人在勇敢的时候，会把勇敢变成鲁莽，急于向世界证明自己的能力，从而暴露出内心深层的不安全感。如果他们感到焦虑，就会努力变得冷酷，以抵抗内心的恐惧。他们将"男子气概"演绎到了可笑的地步。还有一些人则会煞费苦心地压抑所有温柔的感觉，因为这些感觉对他们来说是软弱的表现。攻击型的人会表现出野蛮和残忍的特点，如果他们有悲观的倾向，那么他们与环境的所有关系都会随之改变，因为他们既没有同情的能力，也没有合作的能力，对整个世界都充满敌意。

而与此同时，他们的自我价值感可能非常之高。他们会骄傲自大、自吹自擂，觉得自己非常有价值。他们处处表现出虚荣，好像自己真的是征服者一样。然而他们所做的这一切，这些明显而多余的动作，不仅使他们与世界的关系变得不和谐，而且暴露出了他们的整个性格——这种性格就像建立在不稳固基础上的高层建筑。他们那种可能持续很久的攻击态度就是这样产生的。

他们随后的发展并不容易。人类社会并不喜欢这样的人。正是因为他们如此冒失，才令其不受欢迎。在不断努力争取占上风的过程中，他们很快就会与人发生冲突，尤其是与同一类型的人，激起对方的竞争意识。对他们来说，生活变成了一连串的战斗。当他们遭遇不可避免的失败时，整个胜利之旅也就戛然而止了。他们很容易受到惊吓，无法在长期的冲突中维持战斗力，也无法挽回败局。

这种挫败会对他们产生一种逆转作用，就在这种类型发展停滞的地方，另一种类型（这类人感觉自己受到了攻击）便抬头了。因此，第二种类型是被攻击者，经常处于防御状态。他们补偿自己不安全感的方式不是攻击，而是表现出焦虑、警惕和怯懦。我们可以肯定，如果没有刚才描述的维护攻击态度的失败，就不会出现这第二种类型。防御型的人很快就会被不幸的经历吓倒。从这些不幸的经历中，他们会推断出毁灭性的后果，并很容易因此逃之夭夭。有时候，他们会成功地掩饰自己的逃脱，表现得好像撤退也是一件有益的事。

因此，当他们沉迷于回忆或者浮想联翩的时候，实际上不过是在逃避对其构成威胁的现实。他们当中的一些人在没有完全丧失创造力的情况下，其实有可能完成一些对社会并非全无益处的事。许多艺术家就属于这种类型。他们从现实中退却，在幻想和理想的王国中为自己创建了另一个世界，在这个世界里没有任何障碍。这些艺术家是这类人中的例外。这一类型的人常常会向困难屈服，遭受一次又一次的挫败。他们害怕所有的人和事物，变得越来越多疑，只看到这个世界的敌意。

　　不幸的是，在我们的文明中，他们的态度经常被人为的糟糕经历所强化。很快，他们就完全失去对人类美好品质和生活光明面的信念。在这类人身上，最常见的特征之一就是他们外在的批判态度。有时候，这种特征会变得十分突出，以至于他们很快就会发现别人身上最微不足道的缺点。他们自认为是人性的审判者，却从来没有为身边的人做过任何有益的事情。他们一直忙着批判，忙着破坏别人的游戏。多疑的特性迫使他们形成了焦虑和犹豫的态度。一旦面临某项任务，他们就开始怀疑、犹豫不决，似乎希望逃避每一个决定。如果我们想形象地描绘这类人，可以想象这样一幅画面：他把一只手举起来保护自己，另一只手遮住自己的眼睛，这样就看不到任何危险了。

　　这类人还有另外一些令人不快的性格特征。众所周知，不相信自己的人也从来不会相信别人。这种态度不可避免地会滋生出嫉妒和贪婪。这种怀疑论者的孤立状态通常意味着，他们不愿意为他人带来快乐，也不愿意分享他人的快乐。而且，陌生人的幸福对他们来说几乎是一种痛苦。这类人中的某些人可能会通过欺骗和伪装的手段，成功地保持一种比其他人优越的感觉。在不惜一切代价维护自身优越感的欲望中，他们可能会发展出一种非常复杂的行为模式，乍看之下没有人会怀疑他们对人类抱有基本的敌意。

以前的心理学流派

确实，人们在没有意识到自己研究取向的情况下，也可以尝试理解人类的本性。通常的方法是从心灵发展的背景中选取一个点，然后根据这个点对人进行"分门别类"。例如，我们可以把人分为思考者和实干家。思考者生活在幻想中，对现实生活不感兴趣。这种类型的人很难采取行动。而另一种类型的人则很少思考，几乎从不苦思冥想，总是以一种积极向上、实事求是、兢兢业业的态度处理生活中的问题。这两种类型的人确实都存在。

然而，如果我们赞同这种心理学流派，将很快到达研究的终点。我们可能会被迫像其他心理学家那样，满足于这样的断言：在第一种类型里，幻想的能力得到了很好的发展；而在第二种类型里，工作的能力得到了更好的发展。然而，这对真正的科学研究来说是不够的。

关于这些事情是如何发生的，它们是否必须发生，以及它们是否可以避免或延缓，我们需要得出更好的见解。正因如此，虽然上述各种类型确实存在，但就人性的理性研究而言，这种人为的、肤浅的分类是无效的。

个体心理学抓住了人类发展的根本，心灵表现的各种形式都发端于此，即人的童年早期。个体心理学已经证实，这些表现形式无论是从整体还是单独来看，要么主要受社会感影响，要么对权力的追求在其中更加明显。这一论点的提出，使个体心理学掌握了一把金钥匙，可以根据简单且普适的概念来理解人性。根据这个关键的概念，可以对任何人进行分类，其应用范围非常广泛。

不必说，心理学家的谨慎态度和观察技巧必须应用于每一个案例。有了这个不言而喻的前提，我们也就有了一个标准，就能说明在某种心灵现象中，究竟是更大程度的社会感中夹杂着些许对权力和威望的追求，还是其中充满了自私和野心，只为了获取一种凌驾于环境之上的优越感。在这个基础上，我们就可以更清楚地理解以前被误解的某些性格特征，并根据其在整体人格中的地位来衡量它们。在了解一个人的某种特征或行为模式的同时，我们也就获得了可以修正个体行为的杠杆。

气质与内分泌

气质类型是心灵现象和特质的一个古老分类。我们很难说清楚"气质"到底是指什么。它是指一个人思考、说话或行动的快慢，还是一个人完成任务的能力或节奏？研究发现，心理学家对气质本质的解释似乎并不充分。我们必须承认，科学一直无法回避四种气质类型的概念，这个概念可以追溯到人们最初研究心灵生活的古代。气质可分为多血质、胆汁质、抑郁质和黏液质四类，这种划分可以追溯到古希腊时期，最早由希波克拉底[1]提出，后来又被罗马人继承。直到今天，这仍然是心理学领域光荣而神圣的文化遗产。

多血质的人在生活中表现得积极快乐，不会把问题想得过于严重，不轻易让自己生出白发，他们努力在每件事情中看到最愉悦、最美好的一面。在该悲伤的时候悲伤，但不至于崩溃；在该快乐的时候快乐，但不至于放纵。对这些人的详细描述表明，他们大体上是身心健康的人，身上不存在大的缺陷。而对于其他三种类型，我们却无法做出这样的断言。

胆汁质的人在一部古老的诗作中被这样描述：凶狠地踢开挡在面前的石头，而不是像多血质的人那样悠然地绕过去。用个体心理学的话来说，胆汁质的人对权力的追求异常激烈，以至于做出有力和猛烈的动作，觉得任何时候都必须证明自己的能力。他们唯一感兴趣的，就是以直接攻击的方式克服所有障碍。事实上，这些人在童年早期就出现了激烈的动作，那个时

1　希波克拉底（Hippocrates，前460—前370），古希腊著名医师，西方医学奠基人，被尊为"医学之父"，提出了著名的体液学说，后演化为气质学说。*

候他们缺乏权力感，必须不断展示权力，使自己确信它的存在。

抑郁质的人则给人一种完全不同的印象。我们还是用刚才提到的那个比喻，抑郁质的人看见这块石头，就会想起自己所有的罪过，开始悲伤地回忆过去，然后转身走开。个体心理学认为，这类人就是不管做什么都犹豫不决的神经症患者。他没有信心克服障碍或取得成功，他不愿去冒风险，宁愿原地踏步，也不愿向目标靠近。如果这样的人继续前进，就会一举一动都非常小心。在他的一生中，怀疑一直扮演着重要的角色。这类人更多地考虑自己，而不是他人，这最终使其失去了与生活充分接触的可能性。他被自己的烦恼所压迫，只能回首昨日往事，或者沉醉于徒劳的内省。

一般来说，黏液质的人对生活是陌生的。他收集各种印象，却不去从中推断出适当的结论。没有什么能让他印象深刻，他对任何事都不感兴趣，也不结交朋友。总之，他与生活几乎毫无联系。在所有类型中，这可能是离生活最远的一类人。

于是我们可能会得出结论：只有多血质的人才是健康的人。然而，我们很难发现单一气质类型的个体。在大多数情况下，我们遇到的都是一种或多种气质的混合型，仅这一点就差不多使气质学说失去了所有价值。而且，这些"类型"或"气质"也不是固定不变的。我们经常发现，一种气质类型会融入另一种气质类型当中。例如，一个人在孩童期可能是胆汁质，后来变成了抑郁质，而在晚年又表现出黏液质的特征。也可能是因为运气，多血质的人在童年期似乎很少有自卑感，也几乎没有什么身体缺陷，而且很少受到强烈的刺激。因此，这类人平静地发展着，对生活有一定的热爱，能够以稳健的步伐迈向生活。

这个时候，科学对气质学说发起了挑战，宣称"气质取决于内分泌腺"[1]。医学研究的最新成果之一，就是认识到了内分泌腺的重要性。内分泌腺包括甲状腺、脑垂体、肾上腺、甲状旁腺、胰腺、睾丸和卵巢中的间质腺，以及其他一些组织结构。对这些分泌腺的功能，目前我们还知之甚少。这些腺体没有任何导管，分泌物直接进入血液。

一般认为，所有器官和组织的生长和活动都受到内分泌物的影响，这些内分泌物被血液输送到全身的每一个细胞。它们起着激活剂或解毒剂的作用，对生命而言至关重要，但其全部作用仍有待探索。整个内分泌科学才刚刚起步，关于内分泌物功能的确切事实仍寥寥无几。但是，既然这门年轻的学科要求得到承认，并且尝试在性格和气质方面给予心理学指导（坚称这些分泌物决定了人的性格和气质），我们就必须就此多说一点。

首先让我们来讨论一个重要的反对意见。如果观察一个实际的疾病过程，比如甲状腺机能低下引起的呆小症，我们确实会发现一些与黏液质极为相似的心理表现。这些人看起来很臃

---

1   参见克雷奇默（E. Kretschmer），《性格与气质》（*Character and Temperament*, 1921 年）。

肿，毛发生长呈现出病态，皮肤粗糙，行动也特别迟缓，显得无精打采。他们的心灵敏感性明显降低，主动性几乎丧失。

但是，如果将这个病例与我们所说的黏液质进行比较（在此黏液质类型中，甲状腺没有明显的病理改变），就能发现两种完全不同的景象，看到两种完全不同的性格特征。因此我们可以说，甲状腺分泌物中似乎有某些东西有助于维护正常的心灵功能。然而我们却不能说，黏液质类型就是由于缺少甲状腺分泌物而产生的。

病理性的黏液质与我们通常所说的黏液质完全不同。心理学意义上黏液质类型的性格和气质，重点在于个体以往的心理发展史，在这一点上与病理性黏液质的性格和气质有所不同。作为心理学家，我们感兴趣的黏液质类型从来都不是一成不变的。我们经常惊讶地发现，这些人身上有时会出现非常深刻、强烈的反应。没有哪个黏液质的人一辈子都是黏液质的。我们将会了解到，他的气质不过是一个虚假的外壳，是一个过于敏感的人为自己制造的一种防御机制（可以想象，他可能在生命早期就因为体质而决定了这种倾向），是一座将自己与外部世界分隔开来的堡垒。黏液质类型是一种防御机制，是对生存挑战做出的反应，从这个意义上说，它完全不同于因甲状腺分泌不足而产生的无意义的迟缓、懒散和机能减退。

即使在那些完全由甲状腺分泌不足而导致的黏液质类型的病例中，这一重要的反对意见也没有被推翻。这并不是整个问题的关键所在。真正重要的是一系列错综复杂的原因和目的，一整套的器官活动再加上外在的影响，使人产生了一种自卑感。正是从这种自卑感中，产生了培养黏液质的企图，个体试图用这种方式来保护自己的自尊，免受令人不快的羞辱和伤害。我们在这里特别讨论的，不过是前文大体上讨论过的类型。在这里，甲状腺的缺陷是一种特殊的器官缺陷，其后果扮演了重要的角色。这种器官缺陷使个体对待生活的态度更加扭曲，试图通过各种心理策略来取得补偿，而黏液质类型就是一个典型的例子。

至于其他的内分泌物异常，在考察与其有关的气质后，我们的观点将得到证实。如巴塞杜氏病（甲亢）或甲状腺肿，这类疾病存在甲状腺分泌过多的情况，其症状包括心跳过速、脉搏过快、眼球突出、甲状腺肿大，以及四肢（尤其手部）或多或少的颤抖。这类病人易出汗，肠胃器官也不好，这是甲状腺影响到胰腺分泌而造成的。这些人极其敏感，特征是急躁、易怒、四肢颤抖，常常还伴有明显的焦虑状态。典型的突眼性甲状腺肿大患者显然是过度焦虑的人。

然而，如果说这种情况与心理学上的焦虑完全一致，那就犯了一个严重的错误。我们在突眼性甲状腺肿大患者身上看到的心理学现象，比如焦虑状态、无法从事某些体力或脑力劳动、容易疲劳和极度虚弱等，不仅有心理原因，更有器质性原因。将其与患有焦虑神经症的人做个比较，就能发现二者之间的巨大差别。那些因甲状腺功能亢进而引起心理紧张的人，性格受"慢性中毒"影响的人——打个比方，即那些因为甲状腺激素而"醉倒"的人——与那些易激动、急躁、焦虑的人是截然不同的，后者属于一个完全不同的类型，他们的状态几乎完全是由以前的心理经历决定的。甲状腺功能亢进的个体虽然在行为上表现出一定的相似性，但他的行动缺少计划性和目的性，而这是一个人性格与气质的根本标志。

在这里，我们还必须讨论一下其他的内分泌腺。各种内分泌腺的发展与睾丸和卵巢发展之间的关系尤其重要。[1]我们的论点是：只要发现了内分泌腺的异常，就一定会有性腺的异常，这已经成为生物学研究的基本原则之一。这种特殊的依存性以及这些缺陷同时出现的原因，至今还不能完全确定。在这些腺体器官缺陷的病例中，我们也能得出其他器官缺陷所推导出的结论。在性腺分泌不足的人身上，我们看到的是一个有器官缺陷的人很难适应生活，因此他必须培养更多的心灵技巧和防御机制来帮助自己。

一些研究内分泌腺的人热衷于使我们相信，性格和气质完全取决于性腺的内分泌物。然而，睾丸腺素和卵巢腺素的严重异常并不多见。那些有病理性退化的病例，可以说是我们遇到

1　参见阿德勒，《器官缺陷及其心理补偿》（*Organ Inferiority and Its Psychic Compensation*）。

的特殊情况。没有哪种心理特质直接与性腺功能的缺陷有关，它们很少起源于特定的性腺疾病。对于性格的内分泌基础，我们也没有发现像内分泌学家说的那样具有牢靠的医学根据。某些对有机体活力必不可少的刺激来自性腺，这些刺激可以决定孩子在其环境中的位置，这一点是无可否认的。然而，这些刺激也可能由其他器官产生，并不一定是特定心灵结构的基础。

　　既然对人进行评价是一件艰难而微妙的工作，其中每个错误都可能是生死攸关的，所以我们必须在此提出警告。对那些生来就有器官缺陷的孩子来说，他们无疑想要获得特殊的心灵技巧作为补偿，这种诱惑是非常巨大的。但是，这种发展某种特殊心灵结构的诱惑也是可以克服的。无论在什么情况下，都没有哪种器官会必然地、不可逆转地迫使一个人对生活采取某种特定的态度。器官缺陷可能会使他沮丧，但这是另外一回事了。认为"器官缺陷决定性格特征"的观点之所以存在，仅仅是因为没有人试图消除那些有器官缺陷的孩子在心灵发展过程中的障碍。人们任由这些孩子由于自卑而陷入错误的泥潭，只是对这些孩子进行观察和研究，却没有努力帮助或激励他们！建立在个体心理学经验之上的新的社会心理学，将证明其学说在这一方面的正确性，并令目前的性格心理学变得黯然失色。

要点重述

在考虑单一的性格特征之前，让我们简要回顾一下前面讨论过的内容。我们已经得出了一个重要的论点，那就是对人类本性的理解，永远不能依靠脱离整个心理语境和关系的孤立现象。要实现这种理解，必须对时间上相隔甚远的两个现象进行比较，并将其纳入一个统一的行为模式。这种特殊的策略被证明非常有用，能使我们收集一大堆印象，并通过系统的整理，将其浓缩成对个体性格的合理评价。如果我们将自己的判断建立在孤立的现象之上，就会发现自己陷入了与其他心理学家和教育者同样的困境，并不得不使用那些已被证明无用且枯燥的旧式标准。

然而，如果我们能成功地获得一些关键的点，运用我们的体系对这些点施加影响，将其纳入一个统一的模式，就会形成一个线条清晰的系统，可以对一个人做出清晰、完整的评价。只有在这种情况下，我们才算有了牢靠的科学根据。进一步了解一个人，必然会在某种程度上改变或修正我们的判断。在尝试对教育做出修正之前，我们必须根据这个体系，对将要接受教育的个体形成清晰的认识。

为了形成这样一个体系，我们讨论了各种各样的方法和手段，并将自己所经历的现象或其他人会经历的现象作为例证。此外，我们坚持认为，我们所创建的这个体系绝不能缺少一个因素，那就是社会因素。仅仅观察心灵生活中的个别现象是不够的，我们必须始终考虑它们与社会生活的关系。对我们的社会生活来说，最重要、最有价值的基本论点就是：一个人的性格从来不是道德判断的基础，而是衡量这个人对周围环境的态度，以及他与社会之间关系的指标。

在阐述这些观点的过程中，我们发现了两种普遍的现象。首先是普遍存在的社会感，它将人与人联系在一起，这种社会感是我们文明的一切伟大成就的基础。社会感是我们可以有效衡量心灵生活现象的唯一标准，使我们能够预测一个人亲近还是疏远社会。如果我们知道一个人如何对待所处的社会，如何表达对同伴的友谊，如何使自己的生活富有意义和价值，那么我们就对这个人的心灵有了形象的认识。此外，我们还发现了第二种现象，以及由此而来的评价性格的第二个标准：对个人权力和优越感的追求，这种追求与一个人的社会感针锋相对。

掌握了这两个标准，我们就可以理解：人与人之间的关系不仅受到相对程度的社会感的制约，还受到与之相对的个体对权力的追求的影响，这两种倾向总是彼此对立的。这是一场动态的游戏，是几种力量的相互拉扯，其外在表现就是我们所谓的"性格"。

2

攻击型性格特征

虚荣与野心

一旦对获得认可的追求占据了上风，它就会在心灵生活中引发更大的紧张。结果，追求权力和优越感的目标对个体来说变得越来越明显，他会用更激烈的行动去追求这个目标，他的生活全然变成了对成功的期待。这样的个体丧失了现实感，因为他失去了与生活的联系，总是忙着思考别人对自己的看法，总是关心自己给别人留下的印象。这种生活方式极大地限制了他的行动自由，而这种人最明显的性格特征就是虚荣。

每个人都可能有一定程度的虚荣心，然而人们认为，展示自己的虚荣并不是一件好事。因此，虚荣心就经常被伪装起来，以各种各样的变化形式出现。过分的谦虚本质上就是虚荣。有的人可能会虚荣到从不考虑他人看法的地步，有的人则贪婪地寻求公众的认可，并以此为自己牟利。

当虚荣超过了一定的限度，就会变得极其危险。且不说虚荣会导致一个人做各种无用的努力（这些努力更关注事物的表象而不是本质），使一个人总是只考虑自己（或者最多只考虑别人对自己的看法），虚荣最大的危险性在于：它迟早会使个体失去与现实之间的联系。他不再理解人类之间的关系，他与生活的关系也变得扭曲。他忘记了生活的职责，尤其忘记了大自然要求每个人都做出贡献。没有什么恶习比虚荣更能阻碍人类的自由发展了，因为虚荣迫使一个人在面对每件事、每个人时都要去问：我能从中得到什么？

人们习惯用"雄心"这个更好听的词来代替"虚荣"或"傲慢"，以帮助自己摆脱麻烦。有多少人曾自豪地告诉我们，说自己是多么有雄心壮志！人们经常用到的词还有"精力充沛"和"充满活力"。只要这种活力能被证明对社会有益，我们就可以承认它的价值。但通常情况下，"勤奋""积极""活力""进取"这些词语，都不过是用来掩盖极度虚荣的外衣。

虚荣很快就会阻止一个人按规则行事。更常见的情形是，虚荣会促使一个人去干扰他人。因此我们经常发现，那些无法满足自己虚荣心的人，会努力阻止他人充分表现自己的活力。那些虚荣心处于发展阶段的孩子，喜欢在危险的情境中展示自己的勇气，喜欢在弱小的孩子面前展示自己的强大。虐待小动物就是这方面的一个例子。那些已经在一定程度上受到打击的孩子，则会利用各种微不足道的事来满足自己的虚荣心。他们会逃避工作和生活的主战场，而在次要的活动中扮演英雄的角色，以满足自己对存在感的追求。那些总是抱怨生活多么悲苦、命运多么不公的人，就属于这种类型。他们想让我们知道，如果不是受了糟糕的教育，并遇到了一些不幸，他们如今一定会成为领袖人物。他们不断地为自己逃避真正的生活寻找借口，只有在他们为自己创造的梦中，这些人的虚荣心才能得到满足。

一般人会发现很难与这类人相处，因为不知道该如何评价他们。虚荣的人总是知道如何逃避责任，将错误归咎于别人。他总是对的，别人总是错的。然而在生活中，谁对谁错并没有太大意义，因为唯一重要的是实现个人目标，并对他人的生活做出贡献。虚荣的人不是想着做出贡献，而是忙着抱怨、找借口、为自己辩解。我们在此看到的是人类心灵的各种把戏，人们企图不惜一切代价维护自己的优越感，保护自己的虚荣心不受任何羞辱。

常常有人提出反对意见，说："要是没有雄伟的野心，人类就不会有伟大的成就。"这是一个从错误视角得出的错误观点。既然没有人能完全摆脱虚荣，那么每个人都有一定程度的虚荣心。但是，这种虚荣心并不能使一个人的活动朝着普遍有用的方向前进，也不能给予一个人实现其伟大成就的力量！这样的成就只有在社会感的作用下才可能产生。充满创造力的作品，只有凭借其社会意义才变得有价值。在创造过程中出现的虚荣心，只会降低它的价值，干扰它的完成。在真正充满创造力的作品中，虚荣心的影响是微不足道的。

然而，在我们时代的社会风气中，要想完全摆脱虚荣心是不可能的。认识到这一事实本身就是莫大的财富。有了这种认识，就触碰到了我们文明的一个痛点：虚荣心正是许多人终身不幸的原因，他们的生活似乎充满了灾难和困境。这些可怜的人无法与任何人相处，无法适应生活，因为他们的全部目的就是"打肿脸充胖子"。毫无疑问，他们很容易陷入冲突，因为他们只关心自己在人群中的名声。在人类所经历的最复杂的纠葛中，我们将会发现，最基本的困境就是人们徒劳地试图满足自己的虚荣心。当我们努力理解一个复杂的人格时，确定虚荣心的程度、活动方向及为了达到目的所采取的手段，是一种相当重要的技巧。这样的理解将会让我们认识到，虚荣心对一个人的社会感有多么大的危害。虚荣心和对同伴的友情是无法和平共处的，这两种特征永远不能结合在一起，因为虚荣心不允许个体向社会规则低头。

虚荣这种特质注定没有什么好结局。虚荣的发展经常受到来自社会生活的威胁，那都是些合乎逻辑的反对意见。社会生活是不可战胜的绝对法则。因此，虚荣在发展初期被迫隐藏自己，乔装打扮，迂回地实现其目的。虚荣的人总是遭受怀疑的折磨，怀疑自己是否有能力实现虚荣心所要求取得的胜利，而就在他思前想后的时候，时光已经匆匆溜走。等到时光流逝之后，虚荣的人又有了新借口，说他从来就没有机会展示自己的能力。

通常情况下，事情发生的顺序是这样的：一个人追求某种优越的地位，使自己远离生活的激流，而且带着某种不信任，冷眼旁观其他人的活动。由于这种不信任，每个同伴在他看来都是敌人。于是，虚荣的人必须采取既进攻又防守的姿态。我们经常会发现，虚荣的人陷入深深的怀疑，纠缠于一些看似合乎逻辑的重要考虑，后者给了他们一种自以为正确的假象。然而，就在这个考虑的过程中，他们浪费了重要的机会，失去了与生活和社会的联系，放弃了每个人必须完成的任务。

更仔细地观察这些人，我们就会发现一种虚荣的背景，一种想要征服一切人和事的欲望，这种欲望以千变万化的形式反映出来。他们的每一种态度，他们的衣着打扮、言谈举止、交往方式，无不表现出这种虚荣心。简而言之，无论我们放眼何处，都会看到这幅虚荣的景象：一些野心勃勃的人在不择手段地追求优越感。由于这种外在表现令人不快，如果虚荣的人足够聪明，意识到他们与其弃之不顾的社会之间的距离，就会千方百计地掩盖虚荣的外在表现。因此我们就会发现，一些看起来极端谦虚的人，实际上是故意忽略外表以表明自己不爱慕虚荣！在一则故事中，苏格拉底曾对一个衣衫褴褛登上演讲台的人说："年轻的雅典人，你的虚荣心正透过你长袍上的每一个破洞往外探头呢！"

有些人深信自己没有虚荣心。他们知道虚荣藏在更深的地方，但他们只看表面现象。例如虚荣可能表现为：一个人总是要求在他的社交圈子里占据中心位置，必须一直有发言权，他评判一场社交聚会是好是坏的标准，就是自己能否守住中心位置。而有些虚荣的人却从不参与社交，并且尽可能地逃避社交。这种逃避可能会以各种形式表现出来，比如不接受邀请、故意迟到、非要主人百般奉承才肯去，这些都是虚荣的伎俩。还有些虚荣的人，只在特定的情况下才参加社交活动，他们的虚荣就表现在这种"清高"的姿态上。他们还自豪地认为，这是一种值得称赞的品质。还有一些人则希望出席所有的社交聚会，他们的虚荣就表现为显摆自己。

我们不应该认为这些都是无关紧要的细节，因为它们深深扎根于人的心灵。在现实生活中具有上述特征的人，他的人格中肯定没有多少社会感的位置。他更有可能是社会的敌人，而不是朋友。只有妙笔生花的伟大作家，才能描绘出虚荣的种种类型。在这里，我们只能尝试勾勒出其大致轮廓。

我们在所有虚荣之人身上都能发现一个动机，他们为自己确立了一个在今生不可能实现的目标。他们的目标是超越世界上的所有人，这个目标是其不足感带来的结果。我们可以猜想，任何有明显虚荣心的人，其自我价值感都很低。也许有些人会意识到，每当不足感变得明显的时候，他们的虚荣心就会油然而生。但是，除非他们能有效地运用这一认识，否则单纯的意识仍然无济于事。

虚荣心在一个人很小的时候就出现了。虚荣通常都有一些幼稚之处，因此虚荣的人总给我们留下幼稚的印象。决定虚荣心发展走向的情形是多种多样的。有些孩子感到自己被忽视，因为所受教育的不当，他们觉得自己的渺小令人难以忍受。有些孩子则由于家庭传统而变得傲慢。我们可以肯定，他们的父母也有这种"贵族派头"，以此将自己与他人区别开来，并为此感到自豪。

但是，在傲慢的态度之下，不过是个体试图使自己显得与众不同罢了。他认为自己出生在一个"更好的"家庭，这个家庭拥有"更高级的"审美和情感，并由于自身的血统而注定享有某些特权。对这种特权的要求，也给个体的生活指明了方向，并决定了其行为的类型和表现形式。但由于现实生活很少支持这类人的发展，这些要求特权的人不是遭到敌视，就是被人嘲笑，所以他们当中的许多人都胆怯地退缩了，过着一种隐居或孤僻的生活。只要他们待在自己的地盘，不用对任何人负责，他们就能继续自我陶醉下去。而且这种态度还会得到强化，因为他们相信"如果情况有所不同，自己的目标或许早已实现了"。

在这类人中，我们偶尔会发现一些有能力的、杰出的、把自己发展到极致的个体。如果把自己的才能发挥出来，他们可能还算得上有些价值，但为了进一步的自我陶醉，他们误用了自己的才能。他们所提出的与社会积极合作的条件，一般很难得到满足。例如，他们可能在时间上提出无法实现的条件，指出他们曾经做过某事、经历过某事，或者知道某些事情，所以现在是这个样子。或者，他们会根据自己的一套理论制造借口，说其他人曾经做过或没做过某事，所以跟他们不一样。他们的条件不可能得到满足，还缘于一些更加无法成立的理由。例如他们会宣称，如果女性不是现在这样，或者男性都是真正的男人，那么一切都会很顺利！但这些条件是不可能实现的，即使怀着最良好的意愿！因此，我们必须得出结论：这实际上只是一些懒惰的借口，相当于催眠药或麻醉药，使人不再有必要思考被浪费掉的时间。

这些人心中怀着很大的敌意，经常轻视他人的悲伤和痛苦。正是凭借这种方式，他们获得了一种伟大的感觉。深识人性的法国作家拉罗什富科[1]曾说过，大多数人"都对他人的痛苦不太在意"。这些人对社会的敌意经常以一种尖锐、批判的态度表现出来。这些社会的敌人永远在指责、批评、嘲笑、评判和谴责这个世界。他们对一切都感到不满。但是，仅仅辨认出坏东西并谴责它是不够的！人们还必须问自己："为了使坏东西变得更好，我都做了些什么？"

这些虚荣的人通过一些伎俩使自己凌驾于他人之上，并用尖

---

[1]　拉罗什富科（La Rochefoucauld, 1613—1680），又称马西亚克亲王，法国公爵、古典作家。*

酸刻薄的批评来诋毁他人的性格。这样的个体有时会发展出高超的技巧，这并不奇怪，因为他们在这方面有过特别的训练和实践。在这些人当中，不难找到一些聪明机智、反应敏捷、巧舌如簧的人。但正如其他所有手段一样，人们也可以用机智和敏捷来作怪捣乱，就像讽刺作家用它来嘲讽别人和恶作剧一样。

这些人具有的贬低、轻视和过分挑剔的行为，是他们常见的性格特征的表现，我们称之为"贬低情结"。事实上，这表明了虚荣之人的攻击所指之处，那就是他人的价值和意义。这种贬低他人的倾向，其实就是试图通过降低同伴的价值来制造一种优越感。对虚荣的人来说，承认他人的价值无异于侮辱自己的人格。仅仅根据这个事实，我们就可以得出一些意义深远的结论，并了解到虚荣之人的缺陷感和不足感在其人格中是多么根深蒂固。

既然没有人能完全摆脱这一恶习，我们可以利用这里的讨论来制定一个标准。尽管在短时间内，我们还无法根除数千年的传统浸润在我们体内生长的东西，但如果我们能让自己不被有害、危险的偏见蒙蔽双眼，那么我们就向前迈进了一大步。我们既不想成为与众不同的人，也不寻找与众不同的人。我们感到自然法则要求我们伸出双手，与自己的同胞一起合作。在这样一个需要大量合作的时代，个人对虚荣的追求不再有容身之地。正是在我们这样的时代，虚荣的生活态度所引发的矛盾显得尤为明显和突出，因为我们每天都会看到虚荣是如何导致失败的，并最终使虚荣之人遭到社会的唾弃，或者不得不接受社会的同情。虚荣从来没有像今天这样令人厌恶。不过，我们起码可以寻找一些更好的形式来表现虚荣。这样一来，如果我们一定要虚荣的话，至少可以使之朝着对人类福祉有益的方向发展。

下面这个例子很好地说明了虚荣的作用机理。

一位年轻女子是家里姐妹中最小的那个，从小就娇生惯养。母亲日夜为她操劳，满足她的每一个愿望。这个最小的孩子体质也很虚弱，但由于这种关爱，她的要求达到了不可估量的地步。有一天她发现，只要母亲一生病，就可以对周围的人颐指气使。没过多久，这个年轻的女孩就明白了，疾病可以成为一件很有价值的法宝。

她很快就克服了正常人对疾病的厌恶，而且身体偶尔的不舒服并没有让她感到什么不快。不久，她就在生病方面悟出了门道，只要她想生病就能生病，尤其是当她一心一意想达到某个目的时。不幸的是，她总是渴望达到某个特殊的目的。结果就是，在周围的人看来，她一直在生病。

这种"疾病情结"在小孩和大人身上都很常见，他们会感到自己的权力在增长，能够占据家庭的中心，凭借疾病对家人行使无限的控制。对于柔弱的个体来说，他们以这种方式获得权力的可能性非常大。当然，也正是这些个体发现了这种获取权力的方式，因为他们尝到了甜头，体会到了亲人对自己健康表现出的关心。

在这种情况下，一个人还有可能使用某些辅助性把戏来达到自己的目的。例如，他一开始故意吃得很少，结果气色看起来不太好，家人就会竭尽全力给他做美味佳肴。在这个过程中，想要有人一直陪伴自己左右的愿望就产生了。这类人通常无法忍受孤单。仅仅通过感觉身体不适或者处在危险之中，一个人就能够得到至爱之人的关注。这一点之所以能够实现，依靠的是我们对危险情境或者疾病的认同。

这种让自己认同某件事或者某种情境的能力，我们称之为"同理心"。这种情况在我们的梦中就有很好的体现：在梦中，我们感觉某些事情好像真的在发生一样。一旦有"疾病情结"的人掌握了这种获取权力的方式，他们就能轻而易举地制造一种身体不适的感觉。他们做得如此巧妙，以至于没有人能说这是谎言、歪曲或者臆想。我们很清楚，对某种情境的认同可以产生与情境真实存在时相同的效果。我们知道，有些人真的会呕吐，或者真的感到焦虑，就好像他们确实感到恶心或者处于危险之中一样。

但通常情况下，他们产生这些症状的方式会泄露天机。例如，我们谈到的那个年轻女子就声称，她有时候会感到害怕，"我好像随时都可能中风"。有些人能够清晰地想象出一件事，以至于他们真的会失去心理平衡，而且没人能说那是臆想或者装病。这些"生病专家"只要给周围人留下自己在生病（或者至少是所谓的"神经症"）的印象，他们就大功告成了。从那以后，每一个留下深刻印象的人都会待在这个"病人"身边，照顾他，关心他的健康。我们同胞的疾病，是对每个正常人的社会感的呼唤。但我们刚才所描述的那类人却会滥用这一事实，并将其当作自己权力感的基础。

很明显，这种情形与社会生活的法则势不两立，因为社会生活要求我们深切关心同伴。我们会发现，通常情况下，我们所描述的这些人无法理解他人的痛苦或快乐。他们很难不损害周围人的权益，并且对帮助同伴完全不感兴趣。有时，由于他们做出了巨大的努力，并调动了自己在教育和文化上的全部资源储备，也可能会在生活中取得成功。但更多时候，他们只是努力在表面上对同伴的福祉表现出关心。从本质上说，他们行为的基础离不开自恋和虚荣。

我们刚才描述的那个年轻女子无疑就是这样。她对亲人的牵挂似乎超出了正常范围。如果母亲晚了半个小时还没把早餐送到她床前，她就会担心不已。这时候她会叫醒丈夫，非让他去看看是不是出了什么事不可。渐渐地，母亲就习惯了准时给她端上早餐。同样的事情也发生在她丈夫身上。作为一名商人，他必须在一定程度上考虑自己的客户和生意伙伴。然而每次他晚回家几分钟，就会发现妻子几乎神经崩溃，焦虑、颤抖，浑身出汗，还会痛苦地抱怨自己几乎担心得要死。可怜的丈夫只好以她母亲为榜样，强迫自己准时回家。

许多人可能会提出异议，说这个女人并没有从她的行为中得到多大好处，而且这些也算不上什么伟大的胜利。我们必须记住，我们所描述的不过是她全部行为的一小部分。她的疾病是一个危险的信号，告诉我们："小心！"这个行为是她生活中其他所有关系的索引。她用这个简单的策略，让周围的每个人都接受她的训练，受她支配。在满足她控制周围人的无止境的欲望中，虚荣心扮演了重要的角色。

让我们想象一下，这样一个人为了达到目的所耗费的心力吧！当我们意识到她为此所付出的巨大代价，必然会做出这样的推断：她的态度和行为对她来说完全是一种必需品！除非她的心愿得到无条件的、及时的服从，否则她就无法安宁地生活。但是，婚姻并不仅仅包括让丈夫按时回家。这个女人还用自己专横的行为束缚了无数其他的关系，她学会了如何用焦虑状态来强化自己的命令。她似乎非常关心他人的福祉，但每个人都必须无条件地服从她的意志。因此，我们只能得出一个结论：这种牵挂是她满足自己虚荣心的一个手段。

我们经常会发现，这种心灵的态度会发展到相当的程度，以至于一个人意志的实现比他所渴望的东西本身更重要。一个六岁小女孩的例子可以说明这一点。

这个小女孩的自我中心达到了极点，她所关心的只是如何实现自己每一个心血来潮的想法。她的行为中充满了想要征服同伴、展示自己权力的愿望。通常，她的行为都会实现这种征服。

她的母亲非常渴望和女儿保持良好的关系，有一次尝试用女儿最喜欢的甜点给她一个惊喜，她把点心送到女儿面前，说："我给你带来了这种甜点，因为我知道你非常喜欢。"这个小女孩却把盘子摔到地上，一边踩那块蛋糕，一边哭喊道："可是我不想要，因为这是你给我的；只有在我想要的时候，我才会要。"

还有一次，母亲问她午餐要不要喝咖啡或牛奶。这个小女孩站在门口，非常清楚地小声嘀咕："如果她说咖啡，我就要牛奶；如果她说牛奶，我就要咖啡！"

这个孩子把自己的想法表达得很清楚，但还有很多这一类的孩子，并不会如此清晰地表达自己的想法。也许每个孩子都在一定程度上具有这种特质，他们会竭尽全力实现自己的意志，哪怕没有从中获得任何好处，哪怕会因为我行我素而遭受痛苦和不幸。在大多数情况下，这些孩子都已经习惯了享受我行我素的特权。如今，这种特权的机会并不难找。其结果是，我们会发现在成年人当中，那些渴望我行我素的人远远多于想要帮助同伴的人。有些人的虚荣达到了极端，他们不会做别人建议的任何事情，即使这是世上最明白不过的事情，即使这是真正关系到他们自身幸福的事情。这些人等不及别人把话说完，就会提出异议和反对意见。还有一些人的意志受到虚荣心的强烈驱使，以至于他们虽然想说"是"，但实际上却说了"不"。

想在任何时候都我行我素，只有在自己的家庭圈子里才有可能，而且也不是总能如愿。在这些人当中，有的人在与陌生人打交道时显得和蔼可亲、彬彬有礼。然而这种关系并不能持久，很快就会破裂，即便寻求长久的关系，也很少能实现。因为生活就是这样，人们总是不断聚集，所以不难发现这样的人：他们赢得了所有人的心，但在赢得人心之后又会弃之不顾。还有许多人总是努力把自己的活动限定在家庭生活圈子之内。上面描述的那个病人就是这种情况。

由于她性格乖巧，外人都觉得她讨人喜欢、人见人爱。但是每次离开家，她都会很快就回去。她会用各种把戏来表明自己想回家的愿望。如果去参加聚会，她就会头疼，因此不得不尽快回家。因为在任何社交聚会上，她都无法保持在家里那种绝对的权力感。既然在家庭生活之外，这个女子无法解决生活中的主要问题，即满足她的虚荣心，所以每当必要的时候，她就会安排一些事情迫使自己回家。

她的情况变得越发严重，以至于每次遇到陌生人，她就会特别焦虑和激动。很快，她连剧院也不能去了。最后，她甚至不能上街了。因为在这些场合，她就失去了那种全世界都屈从于她意志的感觉。她所寻求的那种情形，在家庭之外是找不到的，在大街上更不可能找得到。因此她宣布，除非有"朝臣"陪同，否则她不愿出家门一步。这是她所喜欢的理想情形：身边总是围着一群对她关怀备至的人。观察表明，她从小就形成了这种模式。

她是家里最小的孩子，并且体弱多病，因此必须得到更多的宠爱和照料。她非常愿意做一个被娇惯的孩子，如果不是她的行为与无情的生活环境发生了尖锐的矛盾，她会不惜一切代价维持这个角色。她的不安和焦虑如此明显，到了无可否认的地步，这种状态暴露了一个事实：在解决虚荣心的问题上，她已经偏离了正轨。这种解决方案是不充分的，因为她不愿意屈从于社会生活的条件。最终，她因无力解决这个问题而变得极其痛苦，不得不向医生寻求帮助。

现在，我们有必要揭露她多年来精心构筑的整个生活方式了。我们必须克服巨大的阻力，因为尽管她在表面上求助于医生，她在本质上还没做好改变的准备。她真正想要的是继续像以前那样统治她的家庭，而不用承受在大街上纠缠着她的那种折磨人的焦虑。但凡事有一利必有一弊！医生让她看到，她是自己无意识行为的囚徒，她希望享受这种行为的好处，但又想要避开它的坏处。

这个例子清楚地表明：任何虚荣心只要发展到一定程度，就会变成持续终生的负担，它会阻碍人的充分发展，并最终使人崩溃。只要病人的注意力仍然只盯着好处，他就无法理解这些事情。也正因如此，许多人相信自己的野心——也许更恰当地说是虚荣心——是一种有价值的性格特征。因为他们并不明白，这种性格特征会使一个人永不满足，失去安宁，无法安睡。

为了证明这一观点，让我们再来看另外一个例子。

一个二十五岁的年轻人要参加期末考试了。但他并没有出现在考场上，因为他突然对这门课失去了兴趣。他被一种不愉快的情绪所困扰，他贬低自己的价值，并且满脑子都是这种想法，以致最终无法参加考试。他的童年回忆中充满了对父母的指责，他们对他的发展缺乏理解，这显然阻碍了他的成长。在这种情绪的作用下，他认为所有的人都毫无价值，他对他们也不感兴趣。就这样，他成功地使自己成了一个离群索居的人。

虚荣心被证明是这一切背后的动力，不断地给这个年轻人提供借口和托词，使他逃避对自己能力的任何检验。现在，就在期末考试之前，他被那些强迫性的想法打败了，遭受着缺乏动力和怯场的折磨，这些使他完全无法参加考试。所有这些对他而言都极为重要，因为这样一来，即使他现在没有取得任何非凡的成绩，他的"人格感"（即他的自我价值感）仍可以得到保全。他一直都把这道"护身符"带在身边！有了这道符，他就是安全的。他用这种想法安慰自己：是疾病和不幸的命运，决定了他一事无成。

在这种态度中，我们看到的是另一种形式的虚荣，它阻止一个人检验自己。虚荣促使他在考验自己能力的关键时刻选择了绕道而行。他想到在失败中将要失去的荣耀，便开始怀疑自己的能力。他已经掌握了那些从不相信自己能做决定的人的秘密！

我们的病人就属于这一类人。他关于自己的报告表明，事实上，他一直是这些人中的一员。每当必须做出决定的时候，他总是犹豫不决、畏缩不前。如果我们只关注对动作和行为模式的研究，就能从这种姿态中看出：他想要停下来，想给自己的前进踩刹车。

他是家中最大的孩子，也是唯一的男孩，他还有四个妹妹。此外，他还是家里唯一被指定上大学的人。可以说，他是家里关注的焦点，大家都对他寄予厚望。父亲从不放过任何激发他野心的机会，而且总是不厌其烦地告诉他，他将来会成就什么样的伟大事业。这个男孩想要胜过世界上所有的人，这个目标一直摆在他的眼前。而现在，他的心中充满了不确定和焦虑，不知道能否完成等待着自己的任务。这个时候虚荣拯救了他，为他指明了退路。

这就向我们表明，在野心勃勃的虚荣心的发展过程中，个人进步已经注定是不可能的。虚荣心和社会感纠缠在一起，难解难分，无法逃脱。尽管如此，我们还是可以看到，虚荣心从童年开始就不断冲破社会感，试图走上孤立的道路。这使我们想起了这样一种人：他根据自己的幻想勾勒出一座陌生城市的蓝图，然后在那座城市中漫步，根据那幅蓝图寻找想象中的建筑。自然，他永远也找不到自己要找的东西！而可怜的现实往往成了罪魁祸首。这就是自私、虚荣之人的大致命运。他试图通过权力、诡计或背信弃义，在他与同伴的所有关系中践行自己的准则。他寻找机会来证明别人是错的，或者此刻正在犯错。当他成功地证明——至少是向自己证明——他比同伴更聪明或更优秀时，他会感到非常高兴。但他的同伴对此毫不理睬，他们会接受挑战，跟他较量一番。不管是胜利还是失败，当战斗结束时，我们这位虚荣的朋友都对自己的正确性和优越性深信不疑。

这都是些廉价的把戏，任何人都可以想象到他所相信的什么东西。在我们的病例中，这个年轻人本应该去学习，接受书本上的智慧，或者应该参加考试并展现出自己真实的价值，但他却由于错误的观点而夸大了自己的缺陷和不足。因此，他错误地估计了这种情势，认为自己人生中全部的幸福和成功都危在旦夕。结果，他必然会陷入一种任何人都无法忍受的紧张状态之中。

对他来说，每一次接触都显得无比重要。每一次讲话，甚至每一句话，他都根据自己成功或失败的立场来评估。这是一场持久的战斗，最终使一个将虚荣、野心和虚假希望作为其行为模式的人陷入新的困境，并剥夺了他生活中所有真正的幸福。只有那些接受生活条件的人，才能获得幸福，而当这些不可避免的条件被搁置一旁时，他就挡住了自己通往幸福和快乐的所有道路，也无法做到对别人来说意味着幸福和满足的一切事情。他所能做的最好的事情，就是梦想着自己比他人优越并支配他人，尽管他知道这些根本不可能实现。

如果他拥有这样的优越感，就会很容易找到许多乐意与他竞争的人。这是无可奈何的事情，因为没有人愿意被迫承认他人的优越性。现在剩下的就是这个可怜的人对自己神秘莫测的判断了。当一个人置身于这种生活模式时，他很难与同伴取得任何联系，也很难取得任何真正的成功。这场游戏中没有赢家！每个玩家都受到了攻击和伤害。他们的苦命之处就是时时刻刻都要表现得伟大和优越！

如果一个人的名誉是通过为别人服务而得来的，那又是另外一回事了。他的荣誉是自然获得的，就算有人反对这种荣誉，这种反对也没什么分量。他可以继续享有这种荣誉，因为他没有在虚荣心上押任何赌注。因此，关键在于一个人是否有自私的态度，是否想不断抬高自己的人格。虚荣的人总在期待着什么，或意欲得到什么。将虚荣的人和一个社会感发展良好的人进行比较，你会立刻发现他们在性格和价值上的巨大差异——后者终其一生都在追问："我能给予什么？"

于是，我们得出了一个数千年来尽人皆知的结论。《圣经》中有句名言表达得很明白："施比受更有福。"如果我们仔细思考这句话的含义——这是对人性的伟大经验的表达——我们就会认识到，这里强调的是给予的态度和心境。正是这种给予、服务或帮助的心境，本身带着某种补偿和心灵和谐，就像来自神的恩赐回报给那些付出的人！

另一方面，索取的人通常不会感到满足，他们为了幸福快乐，一心想着自己还必须得到什么，必须拥有什么。索取的人从不关心别人的需求和需要。对他们来说，别人的不幸就是他们的欢乐，在他们的心灵中没有与生活和谐一致、和平共处的概念。他要求别人不折不扣地服从自己的利己主义所制定的规则。他要求一个与众不同的天堂，一种不同的思维和感受方式。简而言之，他的贪得无厌和骄傲自大，就像他身上的其他特征一样令人厌恶。

还有其他更为原始的虚荣形式：这些虚荣的人穿得花里胡哨，自以为很重要，把自己打扮得像猴子一样哗众取宠，就像那些原始部落中的首领在头发上插上特别长的羽毛，以显示自己的荣耀一样。许多人最大的满足就是穿得漂漂亮亮，紧跟最新的时尚。这些人所佩戴的各种装饰，就像交战时的旗帜、徽章或武器一样，表明了他们的虚荣心。如果理解正确的话，其目的是把敌人吓跑。

有时候，这种虚荣心会通过情色标志或者文身来表达，这在我们看来是很轻浮的。在这种情况下，我们感觉到，这个人努力想要给别人留下印象，尽管他只能以厚颜无耻为代价。对有些人来说，厚颜无耻的行为也会给他们带来伟大感和优越感，还有一些人会在表现冷酷、野蛮、固执或孤立时，产生这样的感觉。事实上，这些人与其说是无礼的，不如说是脆弱的，他们的冷酷不过是一种装腔作势。

尤其在一些男孩子身上，我们发现他们似乎缺乏感情，实际上这是对社会感的一种敌对态度。受这种虚荣心驱使的人，他们只想着让别人受苦。如果让他们表现出同情心，他们会觉得受到了侮辱。这样的诉求只会使他们的态度更加冷酷。我们见到过这样的例子：父母责怪孩子，请孩子理解他们的痛苦，而这个孩子却从他们的痛苦表现中获得了一种优越感。

我们已经提到过，虚荣心喜欢将自己伪装起来。虚荣的人想要统治别人，必须先蒙骗他们，才能驯服他们。因此，我们绝不能让自己被虚荣之人表现出来的和蔼、友善和乐于交往的态度所欺骗，也不要相信他不是一个正在寻找征服对象和维护个人优越感的好战分子。在这场战斗的第一阶段，他必须使自己的对手感到放心，用甜言蜜语哄骗对方，令其放松警惕。在第一阶段的友好接触中，人们很容易会相信攻击者是一个有强烈社会感的人。幸好在第二阶段，攻击者的面纱会被揭开，让我们明白自己的错误。这些人总是让我们感到失望。我们认为他们有两副面孔，实际上只有一副面孔，这副面孔看起来和蔼可亲，却给我们带来极大的痛苦。

这种交往的技巧发展到极致时，会类似于一种"勾魂"的游戏。在这种游戏中，极度奉献的特征非常明显，为的是保证大获全胜。这些人能言善辩地谈论仁爱之心，似乎一举一动都表现出对同伴的爱。然而，这一点通常以太过明显的方式表现出来，以至于真正了解人类心灵的人会变得警惕。一位意大利犯罪心理学家曾说过："当一个人的态度好到超过了一定限度，当他的仁慈和博爱太过明显的时候，我们就有理由表示怀疑了。"

当然，我们必须有所保留地接受这句话，但我们也可以非常肯定地说，这个观点是有一定道理的。一般来说，我们很容易辨认出这种类型的人。对任何人来说，溜须拍马都是令人不快的。它很快就会让人感到不舒服，我们必须提防利用这种奉承方式的人。我们应该倾向于禁止野心勃勃的人使用这种方法，最好选择一种不同的方法和更温和的技巧！

在本书的第二部分中，我们将会讨论那些经常使人偏离正常心理发展的情形。从教育的角度来看，困难在于我们面对的是这样的情况，即那些孩子对他们所处的环境采取了一种好战的态度。即使老师知道自己的职责，这份职责植根于生活的逻辑，但他无法把这种逻辑强加给孩子。要做到这一点，唯一可能的办法似乎就是：尽可能地避免任何交战的局面，不要把孩子当成受教育的客体，而要将他们当成教育的主体，就好像他是一个与老师完全平起平坐的成熟个体。

这样一来，孩子就不会轻易形成错误的看法，认为自己处在压迫之下，或者受人忽视，并由此认为有必要与老师进行战斗。基于这种战斗的立场，我们文明的错误野心会自动发展起来，这种野心在很大程度上决定着我们的思想、行为和性格特征，从越来越纠缠不清的关系到失败的人格，最后导致个体完全瓦解崩溃。

童话是我们所有人了解人性的重要来源，为我们提供了许多展示虚荣心危险性的例子。我们在这里必须回顾一个童话故事，它入木三分地刻画了不受约束的虚荣心将如何导致人格的自动毁灭。这就是俄国作家普希金的《渔夫和金鱼的故事》[1]，故事内容是这样的：

> 一位渔夫捕获了一条金鱼，他同意给这条鱼自由。而这条鱼出于感恩的心，答应满足渔夫的一个愿望。渔夫的愿望很快实现了。然而，渔夫的妻子却野心勃勃，贪得无厌。她要求渔夫改变她卑微的身份，让她成为公爵夫人，后来她又要做女王，最后她竟然想成为神灵！她一次又一次派丈夫去找那条金鱼，直到最后，金鱼对她的请求大为光火，永远地抛弃了渔夫。

虚荣和野心的发展是无止境的。有趣的是，在童话故事中以及在狂热追求虚荣的人身上，我们会看到对权力的追求往往表现为对上帝形象的渴求。我们很容易发现，虚荣的人会表现得他好像就是上帝一样（这发生在最极端的情况下），或表现得他好像是上帝的助手，或提出只有上帝才能实现的愿望。这种表现方式和这种对上帝形象的追求，是他所有活动中都存在的

1　此处原文为"安徒生的《醋罐》"，但根据故事内容应该是指普希金的《渔夫和金鱼的故事》。*

那种倾向的极端表现——实际上，这是一种想要超越自己人格界限的渴望。

在我们这个时代，有许多证据都可以表明这种倾向的存在。许多人对招魂术、灵学研究、心灵感应以及类似活动感兴趣，他们其实就是渴望超越人类的界限，希望拥有人类不具备的能力，想要让自己超越时间和空间，就像在与鬼魂或死人灵魂交流时那样。

通过进一步研究我们就会发现，有相当一部分人想要在上帝身边谋取一席之地。还有许多学校的教育理想是培养出上帝一般的人。在过去，这确实是所有宗教教育的自觉理想。现在，对于这种教育的结果，我们只能感到恐惧。我们必须寻找一个更合理的理想。但可以想象，这种倾向在人类身上是根深蒂固的。

除了心理上的原因，事实上，很大一部分人对人性的最初认识来自《圣经》中的警句。《圣经》宣称，人是"按照上帝的形象被创造的"。我们可以想象，这种观念会在孩子的心灵中留下多么重要和多么危险的后果。毫无疑问，《圣经》是一部经典作品。在你的判断力成熟之后，你可以不断地阅读它，并惊讶于其中所蕴含的智慧。但我们最好不要用它来教育孩子，至少不要不加任何评论地教给孩子。只有这样，孩子才可能学会满足于现实生活，不会仅仅因为他是"按照上帝的形象被创造的"，就认为自己拥有各种魔法力量，就要求每个人都成为自己的奴隶！

与这种对上帝形象的渴望密切相关的，是童话里的乌托邦理想：在这个乌托邦中，每一个梦想都能成为现实。孩子们很少会相信这些童话场景是真实的。然而，如果我们认识到孩子对魔法的极大兴趣，就不会怀疑他们是多么容易被魔法所吸引，多么容易沉迷于这种幻想之中。在某些人身上，魔法的观念以及对他人施加影响的想法异常强烈，甚至到老也不会消失。

　　在某种意义上，也许没有哪个男性能摆脱这样的想法：这像是一种迷信，认为女人可以对男人施加魔法般的影响。我们可以看到，许多男性表现得好像他们受到了性伴侣的魔力影响。这种迷信会将我们带回一个旧时代，这种信仰在当时比今天更坚定。在那些日子里，女人会因为一个随便的借口，就被人们认为是女巫或者魔法师。这种偏见在几十年里像噩梦一样笼罩着整个欧洲，甚至在一定程度上影响了欧洲的历史。如果我们回想起有上百万女性都是这一谬见的受害者，就不能再轻描淡写地说这是一种无害的错误，而必须把这种迷信的影响与宗教法庭或世界大战所带来的惨状相提并论。

　　通过滥用宗教崇拜来满足个人的虚荣心，与人们对上帝形象的渴求如出一辙。我们只需要指出，对一个遭受精神创伤的人来说，远离其他人，与上帝进行私密谈话，是何等重要！这样的人会认为他与上帝靠得很近，而这个上帝，由于礼拜者虔诚的祈祷和正统的仪式，必定会亲自关怀子民的幸福。这样的宗教把戏通常与真正的宗教相去甚远，在我们看来，这是纯粹的精神病理障碍。我们曾听到一个人说：除非他做了明确的祈祷，否则便无法入睡，因为如果他没有把这份祷告传向天国，在某个地方就会有人遭遇不幸。

要理解这种观点的脆弱性，我们只需要对它做一个反向推论，然后进行解释。在这个例子中，这个推论就是："如果我祈祷，他就不会受到伤害。"这种方法可以让一个人轻易获得魔法般的伟大感。通过这种小把戏，一个人确实可以在一段时间内，成功地转移另一个人生活中的不幸。在这些宗教信徒的白日梦中，我们可以看到类似的超越人性范畴的活动。这些白日梦揭露出，空洞的姿态和华丽的行为并不能真正改变事情的本质，只能在做梦者的幻想中成功地阻止他接触现实。

在我们的文明中，有一样东西似乎具有神奇的力量，那就是金钱。许多人都相信"有钱能使鬼推磨"。因此，他们的野心和虚荣只关注金钱与财富，这并不奇怪。现在，我们可以理解他们对世俗财富无休止的追求了。在我们看来，这几乎是病态的。这不过是虚荣的另一种形式，企图通过积累财富来产生一种类似于魔法的力量。

一个极其富有的人虽然拥有足够的财富，但还是继续追求金钱，在开始患上妄想症之后承认："是的，你知道，金钱就是一次又一次地引诱我的魔力！"这个人明白这一点，但还有许多人不敢弄清楚。如今，拥有权力与拥有金钱和财富如此紧密相关，而且在我们的文明中，为金钱和财富而奋斗看起来如此自然，以至于没有人注意到这个事实：许多人只顾追逐金钱，是受了虚荣心的驱使。

最后，我们再展示一个案例，它将说明我们之前讨论过的每一个方面。与此同时，它还会使我们了解另一种特别的现象，即虚荣心在违法犯罪中也扮演着重要角色。这个案例涉及一对姐弟。

弟弟被认为缺乏天赋，姐姐则以才华出众闻名。当弟弟无法维持这场竞争时，他放弃了比赛。尽管每个人都试图为他扫清道路上的障碍，他还是退到了幕后。与此同时，他背上了一个沉重的包袱，即承认自己没有天赋。很小的时候就有人告诉他，姐姐总是能轻易克服生活中的障碍，而他只适合做一些无足轻重的事情。就这样，由于姐姐所处的优势，人们总认为他天资不足，尽管事实并非如此。

他背着这个沉重的包袱进了学校。他的生涯就是一个悲观失望的孩子所走的道路，不惜一切代价避免发现和承认自己的无能。随着年龄的增长，他不想再被迫扮演一个蠢男孩的角色，他想要被当作一个成年人来对待。十四岁的时候，他就经常参加成年人的社交活动，但深深的自卑感使他感到如芒在背，迫使他考虑如何才能表现得像一位成熟的绅士。

就这样，有一天他走进了一家妓院，此后就一直在那里流连忘返。由于逛妓院要花很多钱，而他又想做一个成年人，这使他无法伸手向父亲要钱，于是他开始在必要时偷父亲的钱。他对这些偷窃行为丝毫也不感到痛苦，反而觉得自己多少有点像个成年人了，替他父亲打理钱财。这种情况一直持续，直到有一天他在学业上遭遇了严重的失败。他要被迫留级了，这将证明他的无能，而他最害怕的就是这一点。

　　于是就发生了以下事情：他突然感受到了懊悔和良心上的痛苦，这更严重地干扰了他的学习，但也使他的处境得到了改善，因为现在如果他失败了，他就有了向世人解释的借口。这种悔恨之情让他十分痛苦，任何一个遇到类似情况的人都会学业失败。与此同时，他的学习还受到注意力不集中的妨碍，他控制不住自己去思考其他事情。一天就这样浑浑噩噩地过去了，到了晚上上床睡觉时，他心里想着自己已经努力学习了，尽管实际上他并没花什么心思。之后发生的事情，也帮助了他继续扮演这个角色。

　　他被迫早早起床，结果一整天都昏昏欲睡、疲惫不堪，根本无法专心学习。这样一来，谁也不能要求他和姐姐竞争了！现在，应该负责的不是缺乏天赋，而是他的懊悔、他良心上的痛苦，这些让他不得安宁。最终，他全副武装起来，没有什么能伤害他了。如果他失败了，那也是情有可原，没有人能说是因为他天赋不足。如果他成功了，那就是对他能力的确凿证明。

看到这些把戏的时候，我们可以肯定，虚荣是这一切的根源。在这个例子中我们可以看到，为了避免被人发觉所谓的"天赋不足"（其实并非如此），一个人甚至会甘心冒着违法犯罪的风险。野心和虚荣在生活中制造了如此复杂的局面，使人误入歧途。它们剥夺了一个人生活中所有的坦率和正直、所有的快乐和幸福。而我们仔细研究就会发现，这一切不过是一个愚蠢的错误！

忌妒

忌妒是一种引人关注的性格特征，因为它出现的频率非常之高。我们所说的"忌妒"不仅指恋爱关系中的忌妒，也指存在于其他所有关系中的忌妒。因此，在童年时期，我们发现孩子会因为争强好胜而产生忌妒心理，这些孩子还可能会发展出野心，并以这两种特征来表明他们对世界的敌对态度。忌妒是野心的"姊妹",是一种可能会伴随终生的性格特征,它源于被忽略和被歧视的感觉。

当弟弟或妹妹出生后,孩子们的忌妒几乎普遍存在,因为弟弟或妹妹要求父母给予更多的关注,年长的孩子会觉得自己像被废黜的国王。那些在弟弟妹妹出生之前还沐浴在父母爱的阳光下的孩子,会变得尤为忌妒。下面这个小女孩的案例,将表明这种忌妒会发展到什么程度——她在八岁之前已实施了三次谋杀!

这个小女孩有点发育迟缓,加上身体虚弱,家里人不让她做任何事情。因此,她发现自己的处境比较愉快。在她六岁那年,这种令人愉快的处境突然发生了变化,她有了一个妹妹。她的心灵也发生了彻底的变化,她用残忍的仇恨来迫害自己的妹妹。父母不能理解她的行为,对她变得严厉起来,试图让她知道要为每一个不当行为负责。

有一天,在这一家人居住的村庄旁的小河里,人们发现了一个被溺死的小女孩。过了一段时间,人们发现又有一个女孩被淹死了。最后,我们这个病人在将第三个孩子扔进河里的时候被当场抓住了。她承认自己是凶手,被送进精神病院接受观察,最终被送到一家疗养院接受教育。

在这个案例中，这个小女孩对自己妹妹的忌妒转移到了其他小孩身上。我们注意到，她对男孩子并没有敌意，而仿佛在那三个被杀害的女孩身上看到了妹妹的影子。她企图在谋杀行为中满足自己的报复欲，报复自己所受到的忽视。

当家里有多个兄弟姐妹时，更容易出现这种忌妒表现。众所周知，在我们的文明中，女孩的命运并不诱人。当她看到弟弟来到这个世上，受到更热情的欢迎，得到更多的照料和重视，拥有女孩无法享受的各种好处时，她很容易感到气馁。

这样的关系自然会导致敌意。一个姐姐可能会像妈妈那样，对年幼的弟弟表达她的爱，但是从心理上来说，这与第一个案例并没有什么不同。如果一个姐姐以母亲的态度对待弟弟妹妹，那么她就重新获得了我行我素的权力地位，这使她能够从危险的处境中创造出有利的条件。

兄弟姐妹之间过于激烈的竞争，是家庭中出现忌妒最常见的原因之一。一个女孩觉得自己被忽视了，她就会坚持不懈地去征服自己的兄弟们。由于她的勤奋努力，她常常会成功地超越男孩子。在这件事上，大自然也助了她一臂之力。在青春期，女孩在精神和身体上都比男孩发育得更快，尽管这种差异在随后的几年里会逐渐拉平。

忌妒有成百上千种形态。在对他人的不信任和伏击中，在对同伴的批评和谩骂中，在对被忽视的持续恐惧中，我们都能看到忌妒的身影。至于这些表现方式中的哪一种会突显出来，完全取决于个体先前为社会生活所做的准备。一个人的忌妒可能表现为自我伤害，也可能表现为极度的固执。破坏他人的兴致，毫无目的地反对，限制别人的自由，以及随后对他人的征服，都是这种性格特征多变的表现形式。

给别人设定一套行为准则，是忌妒的惯用伎俩之一。当一个人试图将某种爱情规则强加给自己的伴侣，当他在所爱的人周围筑起一道墙，或者规定对方该看哪里、该做什么、该想些什么时，他就是在根据这种特有的心灵模式行事。忌妒还可以被用来贬低和责备他人，而这些不过是达到目的的手段；它想要剥夺他人的意志自由，使对方墨守成规，或者束手听命。在陀思妥耶夫斯基的小说《涅朵奇卡·涅茨瓦诺娃》中，我们可以看到对这种行为的精彩描述。在这部小说中，一个男人成功地压迫了他的妻子一辈子，从而表现了对她的控制和支配，他所采用的就是我们刚才讨论过的手段。因此我们看到，忌妒也是一种特别明显的追求权力的形式。

嫉羡

只要有对权力和支配的追求，我们就会发现嫉羡这种性格特征。个体与其不切实际的目标之间的鸿沟，以自卑情结的形式表现出来。自卑感压迫着一个人，对其整体行为和生活态度产生极大的影响，使人觉得他离自己的目标还有一段很长的路。他对自己的低评价、对生活的持续不满，都是这种感觉的可靠指标。他开始花时间衡量别人的成功，开始介意别人对自己的看法，或者关注别人取得了什么成就。他总是有种被忽视的感觉，觉得自己受到了歧视。实际上，这种人可能比其他人拥有更多。

这种被忽视感的各种表现，表明一个人的虚荣心未得到满足，他想比邻居拥有更多，甚至想要得到一切。这类嫉羡的人不会说自己想要得到一切，因为社会感的实际存在阻止了他们产生这些想法。但是，他们会表现得好像什么都想要似的。

在不断衡量他人成功的过程中产生的嫉羡，并不会让一个人获得更多的幸福。社会感的存在导致了人们对嫉羡的普遍厌恶，然而却很少有人不嫉羡他人。没有人能完全摆脱嫉羡。当生活一帆风顺的时候，这种嫉羡通常表现得不明显。但当一个人遭受苦难，感觉自己受到压迫，缺少金钱、食物或温暖时，当他对未来的希望变得暗淡，看不到自身困境的出路时，嫉羡便粉墨登场了。

今天，我们人类尚处在文明的开端。虽然我们的伦理和宗教禁止嫉羡的感觉，但是我们的心理还不够成熟，还不能完全摆脱嫉羡。我们很容易理解穷人对别人的嫉羡。如果有人能证明自己即使处于穷人的地位也不会产生嫉羡，那反倒令人难以理解了。关于这一点我们要说的是：我们必须在人类心灵的当代处境中考虑这一因素。事实上，只要人们的活动受到太多限制，嫉羡便会随之出现。但是，当嫉羡以我们无法认同的最令人厌恶的形式出现时，我们并不知道如何消除这种嫉羡以及相伴随而来的仇恨。

对生活在我们社会中的每个人来说，有一点是非常清楚的：我们不应该考验这种嫉羡的倾向，也不应该去激发它，而且我们应该足够机智，不要强化任何可能出现的嫉羡感觉。的确，这种做法不会使情况出现任何好转。但是，我们至少可以对一个人提出这样的要求：不应该在同伴面前炫耀哪怕稍纵即逝的优越感。这样做很容易伤害到他人。

嫉羡这种性格特征的产生，反映了个体和社会之间不可分割的联系。没有人能够凌驾于社会之上，或者展示他对同伴的权力，同时又不引起那些想阻止他成功的人的反对。嫉羡迫使我们制定出各种措施和法规，目的就是确立人与人之间的平等。最终，我们理性地得出了一个在直觉上就能感受到的论点，即人人平等的法则。如果违反这条法则，就会立刻引起敌对和混乱。这是人类社会的基本法则之一。

实际上，有时候我们从一个人的面容中，就可以轻易地看出嫉羡的表现。在人们经常用来描绘嫉羡的形象语言中，往往会提到与之相伴随的生理现象。人们会说嫉羡使人脸色"发绿"或"发白"，其实就是指出了嫉羡会影响个体的血液循环。嫉羡的生理反应会表现为外周毛细血管的收缩。

从教育的角度来说，对于嫉羡，我们只有一条路可走。既然我们无法完全消灭它，就必须使之对我们有益。我们可以给它提供一条渠道，让它产生正面效果，同时又不会对心灵生活造成冲击。这一方法既适用于个人，也适用于群体。就个人而言，我们可以建议他从事某种职业来提高他的自尊。在群体方面，对于那些感觉受到忽视的国家，我们则要为其指出发展未开发的内在力量的新途径。

　　一个终生都在嫉羡别人的人，对社会生活是毫无益处的。他所感兴趣的只是从别人那里拿走一些东西，只想以某种方式剥削、打扰别人。同时，他还倾向于为自己没有实现的目标寻找借口，并将自己的失败归咎于他人。他会成为一个好斗、捣乱的人，对建立良好的人际关系完全不感兴趣，不会做任何对他人有益的事。由于他很少花费心思去同情别人的处境，所以他对人性知之甚少。他也不会因为自己的行为给别人带来痛苦而感到自责。嫉羡甚至会使一个人因为同伴的痛苦而感到快乐。

贪婪

　　我们经常发现，贪婪与嫉羡密切相关，相伴相随。我们这里所说的"贪婪"，不仅指在囤积金钱方面的贪心，亦指更为一般意义上的贪心，比如不能给他人带来快乐，对社会和他人表现出贪得无厌的一面。贪婪的人会在自己周围筑起一道墙，以保护自己拥有的那点可怜的财富。一方面，我们认识到贪婪与虚荣、野心有关；另一方面，我们发现它与嫉羡也有联系。可以毫不夸张地说，所有这些性格特征通常都是同时存在的。因此，每当我们发现其中一种性格特征，就可以宣称其他特征也存在，这并不是什么令人惊奇的读心术。

在今天的人类文明中，几乎每个人都会露出贪婪的迹象。一般人所能做的，最多也就是用夸张的慷慨来掩盖或隐藏它。这种慷慨就相当于一种施舍，以牺牲他人的人格为代价，试图通过慷慨的姿态来提高自己的存在感。

在某些情况下，当贪婪被引向某种生活方式时，它实际上是一种有价值的品质。一个人可能会吝啬自己的时间或劳动，在这个过程中，他确实能完成大量的工作。今天我们在科学和道德上都特别强调"惜时"，甚至要求每个人在时间和工作上都厉行节约。这在理论上听起来固然很好，但当这种观点应用于实际时，我们却经常发现它服务于一些人的优势和权力的目标。这个从理论上得出的观点常常被人误用，对时间和劳动的贪婪往往会导致人们将实际的工作负担压到别人肩膀上。

对此我们只能像对待其他所有活动一样，以其普遍有效性作为标准来做评判。我们这个技术时代的特征之一就是人被当作机器，生活的法则被当作技术的法则。在这种情况下，这些法则常常是合理的，但就人类而言，它们最终会导致孤立、疏离以及人际关系的破裂。因此我们最好调整自己的生活，让我们宁愿给予而不是囤积。这是一条不能脱离其背景的法则，我们不能运用这条法则来损害他人的利益。事实上，如果将人类的共同福祉放在心上，我们是不可能去危害他人的。

仇恨

我们经常会发现，仇恨是好战之人的一种特征。仇恨倾向常常在童年期就会出现，可能会达到相当强烈的程度，比如勃然大怒。它也可能以一种温和的形式出现，比如唠叨和挑剔。一个人挑剔和仇恨的程度可以很好地反映他的人格。明白了这个事实，我们就会对一个人的心灵有更多了解，因为仇恨和恶意会给他的人格染上独特的色彩。

仇恨会以各种各样的形式表现出来。它可以指向一个人必须完成的各种任务，比如反对某个人、某个国家、某个阶级、某个种族或者某种性别。仇恨不会公然表现出来，而是像虚荣一样知道如何伪装自己，例如以一种普遍的批判态度表现出来。仇恨也可能会破坏一个人所有的人际接触的机会。有时候，一个人的仇恨可能会突然显露出来，宛如一道闪电划过。这种情况曾经发生在我们的一位病人身上。这位病人虽然被免除了兵役，但他告诉我们，他非常喜欢阅读关于残酷屠杀和伤害他人的报道。

在犯罪行为中，我们可以看到很多这样的情形。形式比较温和的仇恨可能在我们的社会生活中扮演着主要角色，其表现形式不一定是无礼或恐怖的。悲观厌世就是这样一种"蒙面"的仇恨形式，其中隐藏着对人类的强烈敌意。有些哲学流派充斥着敌意和厌世情绪，我们甚至可以将其等同于更粗鲁的、不加掩饰的残忍和野蛮的敌对行径。在一些名人传记中，这层"面纱"有时会被揭开。比起思考这些字句所揭示的真相，更重要的是记住：仇恨和残忍有时会出现在一位艺术家身上，而身为艺术家，如果要创作出真正的艺术作品，就应该站在人道的立场上。

仇恨带来的诸多后果随处可见，在这里我们就不一一考察了。如果要展示每一种性格特征与一般厌世情绪之间的所有关系，可能会离题太远。在此暂举一例，如果一个人没有某种厌世情绪，可能就不会选择某些职业和工作。格里尔帕策[1]曾经说："一个人的残忍本能在他的创作中得到了令人满意的表达。"这绝不是说，从事这些职业的人心中必然带着仇恨。恰恰相反，当一个对人类怀有敌意的人决定从事某种职业（比如军旅生涯）时，他所有的敌意倾向都会受到引导，以符合我们这个社会体系——至少表面上看是如此。这是因为他必须服从自己的组织，必须与从事同一职业的人建立联系。

---

[1] 格里尔帕策（F. Grillparzer，1791—1872），奥地利剧作家，奥地利古典戏剧奠基人。*

将敌意伪装得特别好的一种形式，是那些属于"过失犯罪"范畴的行为。对他人或钱财的"过失犯罪"，其特征是过失的个体忽略了社会感所要求的一切考量。这个问题在法律层面引起了无休止的讨论，但从来没有得到令人满意的澄清。不言而喻，所谓"过失犯罪"的行为并不完全等同于罪行。如果我们将一只花盆放在窗户的边缘，轻微的震动使它落到了路人的头上，这与我们拿起花盆直接扔到别人头上是不同的。但某些个体的过失犯罪行为明显与犯罪有关，这是我们理解人类的另一个关键所在。

　　在法律上，过失犯罪的行为通常并非有意为之，这个事实也被认为是可减轻罪责的情节。但毫无疑问，无意识恶意行为与有意识恶意行为一样，都建立在同等的敌意之上。在观察孩子们的游戏时我们总能注意到，有些孩子不太关心别人快乐与否。我们可以肯定，他们对同伴并不友好。我们应该等待进一步的证据来证明这一点，但如果我们发现，每当这些孩子在一起玩耍时总会有一些不幸发生，那我们就必须承认，这个孩子没有将同伴的快乐放在心上。

　　关于这一点，需要特别关注一下我们的商业活动。商业似乎无法向我们证明过失和敌意之间的相似性。商业人士对竞争对手的利益几乎毫不在意，也很少关心我们认为至关重要的社会感。许多商业活动都建立在这样一种理论之上：任何一名商人的优势只可能来自另一名商人的劣势。一般来说，这样的活动并不会受到惩罚，尽管其中包含有意识的恶意。这些日常的商业活动就像过失犯罪一样缺乏社会感，会毒害我们的整个社会生活。

即使怀着良好意图的人，在商业的压力之下也必然会尽可能地保护自己。我们忽略了这样一个事实：这种个人保护通常伴随着对他人的伤害。我们之所以关注这些问题，是因为这解释了在商业竞争压力之下运用社会感的困难性。我们必须找到某种解决办法，使每个人为了共同福祉而进行的合作变得更容易，而不是像今天这样困难重重。事实上，人类的心灵一直在自动运作，努力建立一种更好的秩序，以便尽可能地保护自己。心理学必须努力跟上并弄清这些变化，不仅是为了理解商业关系，也是为了理解那些在发挥作用的心灵器官。只有这样，我们才能知道个人和社会未来将如何发展。

过失行为在家庭、学校和生活中普遍存在，我们可以在大多数场所中发现它的身影。时不时就会有一个从来不为同伴考虑的人登上新闻头条，这种人自然逃不过惩罚。一个人不顾及他人的行为，通常也会给自己带来不快。有时候，这种惩罚可能在许多年之后才会出现。正所谓"不是不报，时候未到"。过去那么长时间，那些从未尝试对自己行为有所收敛的人，那些不理解因果报应的人，可能都弄不清是怎么回事。因此有人会抱怨，这是他不该承受的不幸！实际上，他不幸的命运可以归咎于这样一个事实：其他人不愿再忍受这位同伴的肆无忌惮，放弃了他们善意的努力，并且抛弃了这位同伴。

尽管有许多理由可以为过失行为辩护，但仔细观察就会发现，它们本质上都是厌世的表现。例如一名司机超速驾驶，撞倒了别人，却辩解说自己有一个重要的约会。我们将认识到他是这样一个人：将琐碎的个人事务置于同伴的福祉之上，因此忽略了自己给他人带来的危险。个人事务和社会福祉之间的差距，是衡量他对人类的敌意的指标。

3

非攻击型性格特征

那些没有公开敌视人类，但给人以孤傲印象的性格特征，可以被归为"非攻击型性格特征"。这就好像一股敌意之流被改了道，让人感觉心灵在迂回前进。在此我们面对的是这样的个体：他从不伤害任何人，但他从生活和人类社会中抽身而退，避免所有的人际接触，并且因为自己的孤立而无法与同伴合作。然而，在大多数情况下，生活的任务只能靠共同工作才能得到解决。将自己孤立起来的个体，可能与一个直接向社会公开宣战的人怀有同样的敌意。因此，一个广阔的研究领域正在接受我们的考察，我们将更细致地展示其中几种突出的表现。我们要讨论的第一个特征是孤傲。

孤傲

孤傲和孤立有许多种表现形式。孤立于社会之外的人往往少言寡语，甚至沉默不语。他们从不正视别人的眼睛，不倾听对方说话，或者在别人说话时显得漫不经心。在所有的社会关系中，即使是最简单的社会关系，他们也会表现出某种程度的冷淡，这就使得他们与其他人区别开来。从他们的行为举止、握手方式、说话语调、问候别人的方式中，我们都能感受到这种冷淡。他们的每一个动作似乎都在制造自己和他人之间的距离。

在这些孤傲的现象中，我们发现了虚荣和野心的暗流。这些人试图通过强调他们与社会的不同来抬高自己，而他们所能赢得的最多只是一种假想的荣耀。在这些孤傲者看似无害的态度中，明显存在着一种好战的敌意。孤傲也可能是一个更大的群体的特征。每个人都见过这样的家庭——他们的生活密不透风，不与外界进行接触。他们的敌意、自负，以及他们自认为比其他人都更好、更高贵的信念，这些都是显而易见的。孤傲也可能是一个阶级、教派、种族或国家所共有的性格特征。有时，我们漫步在一个陌生的城镇，从各家各户的房屋结构中，就可以看到不同的社会阶层是如何使自己有别于他人的。这是一种特别有启发性的体验。

在我们的文化中有一个根深蒂固的倾向，那就是人们将自己划分成相互隔离的国家、教派和阶级。这样做的唯一结果，便是导致了那些陈旧无效的传统之间的相互冲突。一些人进一步利用这些潜在的矛盾，挑起一个群体和另一个群体之间的斗争，从而满足自己的虚荣心。这样的个人或阶级认为自己特别优秀，高估自己的品质，并极力展示他人的弊病。

这些"优胜者"费尽心机地挑起国家或阶级之间的争端，主要是为了满足自己的个人虚荣。如果发生了不幸的事件，比如世界大战及其后果，他们恐怕是最先逃避对此负责的人。这些麻烦制造者受到自身不安全感的困扰，试图以牺牲他人为代价来获得优越感和独立感。离群索居是他们悲惨的命运，也是他们生活的狭隘天地。不言而喻，在我们的文明中，他们是不可能取得进步和有所发展的。

焦虑

厌世者的性格常常带有焦虑的色彩。焦虑是一种非常普遍的性格特征。它伴随着一个人从幼年到老年，使他的生活苦不堪言，使他远离所有的人际交往，摧毁他建立一种平静生活或对世界做出贡献的希望。人类的每一项活动中都可能包含着恐惧。一个人可能会害怕外在的世界，也可能害怕自己的内心世界。

有的人因为害怕社交，所以逃避社交；有的人则因为害怕孤独，所以逃避孤独。在焦虑不安的人群中，我们总是能找到一些熟悉的身影，这些人把自己看得比别人更重。一旦某人认为他必须避免生活中的所有困难，那么在任何必要的时候，焦虑都会前来呐喊助威。还有一些人，当他们打算做某件事的时候，第一反应总是焦虑不安，不管这件事是离开家门、告别同伴、找一份工作还是坠入爱河。他们与同伴和生活的联系如此之少，以致任何情形的变化都会引起他们的恐惧。

这些人的人格发展及为公共福祉做贡献的能力，都明显受到这种性格特征的抑制。他们并不一定要身体颤抖，然后仓皇逃跑。他们只需要将脚步放慢一些，寻找各种借口和托词就行了。在大多数情况下，这些惶惶不可终日的人都没有意识到：每当有新情况出现时，他们的焦虑就会接踵而至。

有趣的是，我们发现有些人总是在回想过去或思考死亡。回想过去是一种深受喜爱的压抑自我的方式，因为它不太引人注意。对死亡或疾病的恐惧，则是那些寻找借口逃避一切责任和义务的人的特征。他们夸张地强调万事皆空、人生短暂，谁也不知道未来会发生什么。天堂和来世的慰藉也起着相同的作用。对于把目标放在来世的人而言，现世的生活就成了一场多余的奋斗、一段毫无价值的历程。第一类人会逃避所有的考验，因为他们的野心阻止自己接受考验，那样会暴露出自己真实的价值。在第二类人身上我们发现，也是同样追求优越的目标、同样蠢蠢欲动的野心，使他们无法适应生活。

在独自一人时会瑟瑟发抖的孩子身上，我们发现了焦虑最初、最原始的形式。即便有人来到这些孩子身边，孩子们的愿望也得不到满足——他们利用这种陪伴还有其他企图。如果母亲把这样的孩子单独留下，他就会怀着明显的焦虑把她唤回来。这种姿态证明，一切都没有改变。母亲是否在那里并不重要。这个孩子更关心的是迫使母亲为自己服务，并受自己支配。这种迹象表明，人们并没有使这个孩子发展出独立的精神，而是通过错误的对待，使他有机会强迫别人为自己服务。

孩子焦虑的表现是众所周知的。当黑暗或夜晚来临，孩子与周围环境或亲爱之人的联系变得不确定时，这种焦虑就会变得特别明显。可以这么说，那座被黑夜所切断的桥梁，在焦虑的尖叫声中又重新连接起来。如果有人匆匆赶到孩子身边，上面描述的那一幕通常就会发生。孩子会要求这人把灯打开，坐在自己身边，陪自己一起玩耍，如此等等。只要有人服从他，他的焦虑就会消失。可一旦他的优越感受到威胁，他就会再次焦虑起来，并通过焦虑来巩固自己的支配地位。

在成年人的生活中也有类似的现象。有些人不喜欢独自出门。在街上，从这些人焦虑的姿态和焦急的目光中，我们一眼就能将他们认出来。他们当中有些人根本不愿挪动半步，有些人则沿街疾走如飞，好像有敌人追赶一样。有时我们会碰见这样的女性，她们请别人扶自己过马路，然而她们并非老弱病残之辈！她们能够轻松地行走，通常也很健康，但即使遇到微不足道的困难，她们也会陷入焦虑和恐惧。有时，从她们离开家的那一刻起，焦虑和不安全感就出现了。

正是由于这个原因，广场恐惧症（或者对空旷场所的恐惧）显得很有意思。在广场恐惧症患者的心中，总感觉自己会成为某种敌意的受害者。他们相信，有些东西使自己完全不同于其他人。恐高症也是这种态度的一种表现——在我们看来，这不过意味着他们觉得自己地位很高。因此，在病理性的恐惧中，我们可以看到同样的权力和优越感的目标。

对许多人来说，焦虑明显是一种手段和伎俩，迫使他人靠近自己，照顾自己这个受害者。在这种情况下我们看到，任何人都不能离开房间，以免受害者再次变得焦虑！每个人都必须屈服于这位病人的焦虑。因此，一个人的焦虑就对整个环境施加了一条法律。每个人都必须围着他转，而他无须考虑别人的感受。于是，他就成了统治所有人的国王。

而对人的恐惧，只能通过个体与他人的结合才能消除。只有意识到自己属于某个人类团体的人，才能没有焦虑地度过一生。

我们来看一个奥地利1918年革命中的有趣例子。在那些日子里，许多病人突然宣布他们不能来治疗了。当被问及原因时，他们的回答都很类似，大概意思是：在这动荡不安的日子里，谁也不知道在大街上会碰到什么人，如果再穿得比别人好，谁也不知道会发生什么事。

那些日子当然是非常令人沮丧的，但值得注意的是，只有某一部分人得出了这样的结论。为什么只有这些人在考虑这个问题呢？这并不是偶然的。他们之所以感到恐惧，是由于他们从未与其他人有过任何接触。因此，在革命的特殊情况下，他们觉得自己不够安全。而其他人认为自己属于社会，并不感到焦虑，可以照常做自己的事情。

羞怯是一种温和但并非不重要的焦虑形式。我们所说的关于焦虑的一切，同样也适用于羞怯。不管让孩子的人际关系简单到什么程度，羞怯总会使他们避免一切人际联系，或者就算建立了联系，也会被他们破坏掉。自卑感及与他人有所区别的感觉，阻碍了这些孩子结交新朋友并从中发现乐趣。

软弱

软弱之人的性格特征是，他们觉得自己面临的每一项任务都特别困难，对自己完成任何事情的能力都没有信心。通常情况下，这种性格特征的表现是行动迟缓。因此，个体与其所面临的考验或任务之间的"距离"不仅不会很快缩短，而且可能会保持不变。那些本应致力于某一特定生活问题却总是心不在焉的人，就属于这一类。这些人会突然发现，他们根本都不适合自己所选的职业，或者他们会寻找各种荒唐的反对理由，说明自己不可能从事这个职业。除了行动迟缓，软弱还表现为对安全和准备的过度关注，这些活动的唯一目的就是逃避所有责任。

个体心理学把适用于这一广泛现象的复杂问题称为"距离问题"。个体心理学已经形成了一种立场，从这个立场出发，我们可以毫不偏颇地对一个人做出判断，并衡量他与三大人生问题解决方案之间的距离。这三大问题就是：社会责任感问题、工作和职业问题、爱情和婚姻问题。例如，第一个问题涉及的是普遍的人际关系，个体是以正确的方式促进了他和同伴之间的联系，还是阻碍了他们之间的联系。根据个体失败的程度、个体与这些问题解决方案之间的距离，我们可以得出关于其人格的深远结论。与此同时，我们还可以利用据此得到的信息，帮助我们理解人性。

正如我们已经指出的，这种软弱的特征其根本在于，一个人想要或多或少地拉开他与人生任务之间的距离。然而，除了我们描述的黑暗面，软弱也有"光明"的一面。我们可以认为，病人完全是因为这个"光明面"才选择了他当前的立场。如果他在毫无准备的情况下去完成一项任务，那么就算失败了也是情有可原，他的人格和虚荣心也不会受到影响。这样一来，他的处境就会安全得多，他就像一个走钢丝的人，知道身下有一张防护网，即使跌下去也不会摔得很重。同样，如果他毫无准备地去做某项工作而失败了，他的个人价值感也不会受到威胁，因为他可以说有许多因素阻碍了自己充分发挥。如果他不是开始得太晚，而是准备得更充分，那么就一定会成功的。

　　这样一来，过错便不在于人格上的缺陷，而是一些他无须承担责任的小事。如果他成功了，他的成就将更加令人瞩目。如果一个人勤奋地履行自己的职责，没有人会对他完成的目标感到惊讶，因为他的成功似乎是不言而喻的。而如果他开始得太晚、做的工作很少或者完全没有准备好，但仍然解决了问题，那么情况就完全不同了。可以说，他会拥有双倍的英雄光环，他用一只手就完成了别人两只手才能完成的事！

　　这些就是心灵迂回前进的优势所在。然而，这种迂回的态度不仅暴露了野心，还暴露了虚荣，表明这个人喜欢扮演英雄的角色，至少是他自己眼中的英雄，这样他看上去就似乎拥有某种特殊的力量。

　　现在让我们来看看另一些希望逃避上述问题的个体。他们会给自己制造各种各样的困难，目的是最终不去理会那些问题，或者至多是犹豫不决地处理问题。在他们迂回的路线中，我们会发现这些人沾染上了生活中的各种怪癖，比如懒惰、游手好闲、频繁换工作、违法犯罪等。有些人则在其外在姿态中表现出这种生活态度，他们的步态柔顺得像蛇一样。这绝不是偶然的。我们可以保守地做出评价：这是一些想要通过迂回路线来避开问题的人。

　　一个来自现实生活的例子可以清楚地说明这一点。

有这样一个男子，他明显地表现出对人生的失望，因为他对生活感到厌倦，除了自杀什么都不想。没有什么能给他带来快乐，他的整个态度表明，他的生活已经走到了尽头。从咨询中得知，他是家里三兄弟中的老大，他的父亲雄心勃勃，一生精力充沛，并且取得了相当大的成功。我们的病人是家里最受宠爱的孩子，大家希望他有一天能子承父业。在这个男孩很小的时候，他的母亲就去世了，但可能是因为深受父亲的保护，所以他与继母的关系很融洽。

作为长子，他对权力和强势有着不加批判的崇拜。他的一举一动都带着专横的色彩。在学校里，他成功地当上了班长。毕业后，他接管了父亲的生意，与别人打交道时显得乐善好施。他说话总是很和气，对工人也很友好，给他们最高的工资，总会满足他们的合理要求。

然而，在1918年奥地利革命之后，他就像变了一个人。他开始抱怨员工们不守规矩，并因此感到十分痛苦。以前他们想要什么，就会向他提出请求，现在却是要求甚至命令。他感到痛苦万分，甚至想放弃这门生意。

于是，我们看到了他在这方面的迂回路线。平常，他是一个心怀善意的管理者，但在自己的权力关系受到影响时，他就无法继续玩这个游戏了。他的人生观不仅妨碍了他管理工厂，而且扰乱了他个人的生活。如果他不是野心勃勃地想证明自己是一家之主，那么他在这方面可能还是可亲近的，但对他来说，唯一重要的就是使用个人权力来支配他人。社会和商业关系的合理发展，使得这种个人支配实际上行不通了。结果，他的工作没有给他带来任何快乐。他的退却倾向既是对难以管理的员工们的抱怨，也是对他们的一种攻击。

如今他的处境都是虚荣心一步步造成的。整个局面中突然出现的矛盾立刻困住了他。由于自己狭隘的观念，他失去了改变思维和形成新的行动准则的能力。他已经无法进一步发展，因为他唯一的目标就是权力和优越感。为了达到这个目标，他让虚荣心成为自己性格的主要特征。

如果审视此人生活中的人际关系，我们就会发现他的社会关系是极不健全的。正如我们所能预料到的，他只会跟那些承认其优越性、顺从其意志的人打交道。同时，他又特别爱挑剔，因为他非常聪明，所以时常做出一些辛辣、刻薄的评论。他的冷嘲热讽很快驱散了所有朋友——事实上，他始终都没有一个真正的朋友。他用各种各样的娱乐方式，来补偿自己在人际交往方面的缺失。

但是，只有当他面对爱情和婚姻问题时，他的人格才会真正地崩溃。这个时候，我们很容易预料他将遭遇什么样的命运。

因为爱情要求最深刻、最亲密的结合，所以其中容不下个人专横的欲望。既然他向来都是统治者，他对伴侣的选择就必须符合他自己的愿望。一个专横、渴求优越的人，永远不会选择一个弱者作为伴侣，而是会选择一个必须被他一再征服的人，使得每一次征服都像一场新的胜利。就这样，两个心性相近的人被吸引到了一起，他们的婚姻就是一连串不间断的战斗。这个男人选择了一个在很多方面甚至比他更专横的女人为妻。两个人都忠于自己的原则，抓住每一件可能的武器来维护自己的支配地位。两人就这样越走越远，但又都不敢提出离婚，因为双方都希望取得最后的胜利，都不愿离开自己婚姻的战场。

在这段时间里，我们的患者所做的一个梦说明了他的心境。他梦见自己和一个看起来像女仆的年轻女子说话，这个女子使他想起了自己的会计员。他在梦里对她说："但是你知道，我出身高贵。"

这个梦中发生的思想过程并不难理解。首先，他对别人有种轻视的态度。在他看来，每个人都像是仆人，没有文化、低人一等。如果对方是女性，就更是如此了。我们必须联想到，他当时正跟妻子处于"交战"状态，所以我们可以想当然地认为，梦里那个人象征着他的妻子。

没有人能理解我们的这位病人，他对自己也了解甚少，因为他不断地四处奔波，傲慢无比，追求着自己自负的目标。与他这种与世隔绝的态度相伴随而来的是，他傲慢地要求他人承认自己的高贵，尽管这毫无道理可言。与此同时，他还剥夺了他人的一切价值。这是一种无法容下爱和友谊的人生哲学。

被这类人用来为这种心理迂回辩护的论点常常颇有特色。在大部分情况下，这些理由都非常合理而且可以理解，只不过它们适用的是其他情况，而不是当前这种情况。例如，我们的病人发现自己必须教化社会，并且做了努力。他加入了一个互助会，在那里将自己的时间浪费在喝酒、玩牌及类似的无用事务上。他相信，这是他能交到朋友的唯一方法。最后，他经常很晚才回家，第二天早上又困又累。他还指出，如果一个人必须教化社会的话，他至少不能总去俱乐部之类的地方。如果他同时也能更多地投入到自己的工作中，那么这种理由也许还说得过去。但与此相反，我们发现，他教化社会的结果是远离了战斗前线——正如我们所预料的那样。很明显他的行为是错的，尽管他的论点是正确的！

这个案例清楚地证明，使我们偏离直线发展道路的并不是我们的客观经历，而是我们的个人态度和对事物的评价，以及我们评估、衡量所发生之事的方式。我们在此面对的是人类的各种错误。这个实例及其他相似的实例，表明了一个错误链条以及产生进一步错误的可能性。我们必须努力联系个体的整体行为模式，来考量这些论点，理解他的错误，并给予适当的指导以克服这些错误。要做到这一点，我们有必要明白，由错误的解读引发的往错误方向的发展，是如何导致了悲剧的产生的。

古人的智慧令人钦佩，他们在提到古希腊神话中的复仇女神涅墨西斯时，要么就是认识到了这一事实，要么也是有所察觉。个体由于错误的发展而遭受的不幸足够清楚地表明，这是他崇拜个人权力而罔顾人类共同福祉所造成的直接后果。这样的个人权力崇拜迫使他迂回地接近自己的目标，而不考虑他人的利益，代价则是每当想到失败时那种消除不掉的恐惧。就这一点而言，我们常常会在他的发展中看到神经性的疾病和表现，这些病症和表现的特殊目的与意义在于阻止个体完成某些工作。从他紧张不安的表现中可以看出，似乎他往前的每一步都伴随着特别的危险。

厌世者在社会上没有立足之地。要做到光明正大、对人有益，不仅仅为了统治的目的而担任领导者，就必须具备一定的适应性和服从性。我们中的许多人都在自身或周围的其他人身上观察到了这条规则的真实性。我们知道，有些人去拜访别人时举止得体、从不让别人感到困扰，但是他们与别人做不了真心的朋友，因为对权力的追求妨碍了他们。因此也就难怪别人对他们不热情了。

这类人会安静地坐在桌子旁，看上去一点也不开心。他更愿意在公开讨论中发表意见，他的性格会在无关紧要的事情中显露出来。比如，他会竭尽全力去证明自己的正确性，哪怕他的正确与否对他人来说根本无关紧要。我们很快会看到，只要能证明他是正确的、别人是错误的，争论本身对他而言毫无价值。同样，在迂回这一点上，他会有各种令人困惑的表现，会毫无缘由地感到困倦、匆匆忙忙却又毫无进展、无法入睡、失去权力并满腹牢骚。总而言之，我们从他那里只会听到抱怨，而他却给不出抱怨的充足理由。他表现得就像一个"神经紧张"的病人。

事实上，所有这些都是他使用的手段，将自己的注意力从指向他所害怕的真实状态的事物上转移开。他之所以选择这些"武器"并非出于偶然。想一想那些害怕黑夜之人的固执反抗吧！当我们见到这样的人时就可以确信，他们从来没有与自己在这个世界上的生活和解过。除了消除黑夜，没有什么能满足他的自我！他将此设为自己做出调整、适应生活的条件，但通过设置这个不可能的条件，他暴露了自己的不良意图——他是个只会对生活说"不"的人！

所有这类神经质的表现都源于一点：这个神经质的人对自己必须要解决的问题感到恐惧，而这些问题不过是日常生活中必要的责任和义务而已。当这些问题出现的时候，他会寻找借口，要么慢吞吞地去处理，要么制造些情有可原的情况，或者找个借口完全避开。这样一来，他就避开了为了维持人类社会每个人所必须尽的义务。这不仅伤害了周围的人，而且波及面可能更大，伤害了其他每一个人。如果我们能更加透彻地了解人性，洞悉那些导致悲剧的潜在因素，我们也许很早以前就可以阻止这些症状的出现。

攻击人类社会的逻辑和固有规律对我们没有益处。由于时间久远，再加上可能会出现的数不清的复杂情况，我们很少能准确地确定恶性和报应之间的关系，并从中得出富有启发性的结论。只有允许整个生活的行为模式在我们面前展开，并深入研究一个人的历史，我们才能非常仔细地洞察这些联系，并找到最初的错误是在哪里犯下的。

未被驯化的本能

有些人在很大程度上表现出我们所说的没教养或不文明的性格特征。这类人可能经常咬指甲、挖鼻孔，或者在吃东西时狼吞虎咽，让人觉得他们对吃有着难以抑制的欲望。当我们看到一个人像饥饿的狼一样扑向自己的食物，并且在表达自己的贪婪时丝毫不知道抑制和羞耻时，这些表现的意义就显而易见了。他吃东西的声音多么响！大口大口的食物消失在他肠胃的深渊里！他吃得那么快！他吃了那么多！他在不停地吃！我们都见过那些一刻不吃东西就感到不开心的人！

缺乏教养的另一个表现是肮脏和杂乱。我们在此所指的不是那些有许多工作而缺乏整洁的人，也不是那些在努力工作时偶尔表现出杂乱的人。我们所说的这种人通常游手好闲，远离任何有用的工作，然而总是看起来肮脏而杂乱。这些人似乎是故意显得又脏又乱，惹人讨厌，我们无法想象他们与这些性格特征是分离的。

以上只是缺乏教养之人的一些外在特征。这些特征清楚地向我们表明，这些人就是不愿意遵守规则，他们更愿意让自己远离其他人。做出这些行为或其他不文明行为的人让我们相信，他们对同伴几乎没什么用处。大多数无教养的行为都开始于童年时期，因为几乎没有哪个孩子是沿着直线路径发展的，但也有些成年人始终都没能克服这些孩子气的特征。

这类表现的根本在于，那些缺乏教养的人或多或少都不愿意与自己的同伴交往。每个缺乏教养的人都希望远离生活，不愿意合作。他们不愿意服从道德说教而放弃不文明的行为，这是很容易理解的。因为当一个人不愿意按照规则来玩人生游戏时，他咬指甲、挖鼻孔或者表现出类似的行为实际上是很正常的。要想达到避开他人的这个目的，几乎再也没有比总是穿着污迹斑斑、衣领脏兮兮的外套更好、更有效的办法了。

对于总是以这副样子示人的人而言，还有什么别的方式更能使他经常遭受批评、在竞争中屈服并受到他人关注呢？还有什么别的方式更有利于他逃避爱情和婚姻呢？他当然会输掉竞争，但同时他也有了很充分的借口，总是把自己的失败归咎于缺乏教养的行为。"如果我没有这种坏习惯的话，我什么事情做不成？"他大声宣称，但随后就低声诉说自己的借口："然而不幸的是，我有这种坏习惯啊！"

让我们来看一个案例。在这个案例中，不文明的行为成了一种自卫的工具，并被用来支配周围的人。

这是一个二十二岁仍尿床的女孩。她在家里排行倒数第二，由于体弱多病，母亲对她特别关心，她对母亲也特别依赖。无论白天黑夜，她都设法把母亲拴在身边，白天用的手段是焦虑，晚上用的则是尿床和恐惧。一开始，这对她而言一定是一场胜利，是对她虚荣心的一种慰藉。凭借这种不良行为，她以牺牲自己的兄弟姐妹为代价，成功地把母亲留在了自己身边。

这个女孩的特别之处还在于，她无法踏入社会，既不能去交友，也不能去上学。当不得不离开家的时候，她就会特别焦虑。甚至当她长大了，必须在晚上出去办点小事时，在夜色中独自行走对她来说也是极大的痛苦。回到家之后，她会特别疲惫、焦虑，还会大讲特讲自己在途中遇到的各种可怕的涉险故事。

这一切显然都表明，这个年轻女子想要始终待在母亲身边。但由于经济条件不允许，她必须出去找份工作。最后，她几乎是被迫接受了一份差事，但短短两天之后，她尿床的老毛病又犯了，老板大为光火，于是她被迫放弃了这份工作。母亲不理解她生病的真正原因，狠狠地责备了她。于是这个年轻女子企图自杀，然后被送往医院。这下母亲向她发誓，再也不会离开她了。

尿床、对黑夜的恐惧、对独处的恐惧、自杀的企图，所有这一切都指向了同一个目标。对我们来说，这一切意味着："我必须紧紧待在母亲身边，或者母亲必须一直关注着我！"就这样，尿床这个不文明的习惯就有了合理的意义。现在我们认识到，我们可以根据这些坏习惯对一个人做出判断。同时我们也知道，只有完全了解一个病人，并充分考虑其生活背景，才能根除这些坏习惯。

一般来说，我们通常会发现，孩子的不文明行为和坏习惯是为了获得成年人的注意。孩子们想要扮演重要的角色，或者想要向成年人展示自己的柔弱和无力时，往往就会利用这些行为。有的孩子在拜访陌生人时表现很差，也有类似的含义。当有客人进门，有时表现良好的孩子也会表现得好像被恶魔附身了。这时孩子是想扮演一个角色，在自己的意图实现并达到令人满意的程度之前，他是不会停止的。

当这样的孩子长大后，他们会试图用一些不文明行为来逃避社会提出的要求，或者他们会变得难以与他人相处，从而破坏大众的共同福祉。在这一切表象之下，隐藏着一种专横的、野心勃勃的虚荣心。只是由于表现形式千差万别，而且伪装得很好，所以我们无法认清背后的原因是什么，以及这些行为的目的是什么。

4

性格的其他表现

快乐

我们已经让大家注意到了这样一个事实：通过了解一个人在多大程度上愿意服务他人、帮助他人并给他人带来快乐，我们可以很容易地衡量出他的社会感。给别人带来快乐的天分，会使一个人显得更有趣。快乐的人更容易接近他人，我们相信，他们在情感上更富有同情心。我们似乎在直觉上就认为，这些性格特征是社会感高度发展的标志。

这些人看上去就很快乐，他们从不垂头丧气或焦虑不安，也不会向陌生人倾吐自己的烦恼。和别人在一起时，他们能够将这种快乐散发出去，使生活变得更加美好和有意义。我们可以感觉到他们都是优秀的人，不仅因为他们的举动，而且因为他们待人处事的风格、说话的方式、对他人的体贴关心，以及他们的整个外表——衣着、姿态、快乐的情绪和笑声。

具有远见卓识的"心理学家"陀思妥耶夫斯基曾说过："一个人的笑声比无聊的心理测试更能反映他的性格。"笑既能够建立联系，也能够摧毁联系。我们都曾听到过那些幸灾乐祸之人发出的挑衅的笑声。有些人则完全笑不出来，因为他们毫不理会人类之间的天然纽带，缺乏给予别人快乐或表现快乐的能力。还有一小部分人完全不能给别人带来任何快乐，因为他们在任何情况下都只看到悲苦的生活。他们四处走动，好像要把每一盏灯都熄灭。他们从来不会笑，或者只有在迫不得已、假装快乐的时候才会强颜欢笑。

这样一来，我们就可以理解同情和厌恶的情绪了。与富有同情心的人相反，有些人习惯性地泼人冷水、令人扫兴。他们宣称，这个世界是充满悲伤和痛苦的深渊。有些人终其一生勉强度日，就像被沉重的负担压弯了腰。每一个小小的困难都会被他们夸大，未来显得暗淡而令人沮丧，而在别人开心快乐的时候，他们总会不失时机地说出卡珊德拉[1]式的预言。他们是彻头彻尾的悲观主义者，不仅对自己如此，对其他人也是如此。如果周围有人很开心，他们就会焦躁不安，并试图从中找出一

---

1 希腊神话中特洛伊的公主，是太阳神阿波罗的祭司，因不从阿波罗而遭到诅咒：凡是她的预言都将言中，而且全都是不吉利的。*

些阴暗的方面。他们不仅在言语上如此，而且会做出令人不安的行为，以这种方式阻止别人快乐地生活、享受人类的友谊。

说话方式

有些人的思维过程和表达方式，有时会给人一种矫揉造作的感觉，以至于我们不可能不加以注意。这些人在思考或说话时，仿佛思维的视野被格言和谚语所限制，人们一看就知道他们要说什么。他们说的话听起来就像廉价的小说，里面的流行语都是从街头小报上剽窃来的。事实上，这些话语中充斥着各种俚语和"黑话"。

这种表达方式可以让我们进一步地了解一个人。有些想法和词语是我们不经常使用或者不会使用的。他们粗野而庸俗的语言风格体现在每一个句子中，有时连说话者自己都惊讶不已。当说话者用流行语或俚语回答每一个问题，并按照通俗小报和电影中的陈词滥调来思考和行动时，这就证明了说话者在判断和评价他人时缺乏同理心。毋庸置疑，许多人无法用其他方式来思考，这实际上表明了他们心理发育迟缓。

"小学生"

我们经常会遇到这样的人，给人的印象是他们的发展停滞在学校生涯的某个地方，从来没有超越小学阶段。无论在家里还是在工作中或社会上，他们都表现得像个小学生一样，热切地倾听并等待发表见解的机会。在聚会上，他们总是急于回答别人提出的任何问题，似乎想让每个人都知道，他们自己对这个话题也有所了解。而且，他们还期待着用一份优秀的成绩单来证明这一点。

这些人的关键特征是：他们只在确切的、固定的生活方式中才会感到安全。当发现自己处于不适合使用小学生那套行为的情境中时，他们就会感到焦虑和不安。这一特征广泛地出现在各个知识阶层中。如果这些人也没有多少同情心，他们就会表现得冷漠、严肃和难以接近，或者试图扮演一个无所不知的角色：要么马上就能了解每一件事，要么试图根据某个公式对其进行归类。

"老学究"

"老学究"类型的人的特征是，他们总会试图根据某个"放之四海而皆准"的原则，对每一项活动和每一件事进行分类。

他们相信这一原则，谁也不能让他们放弃。如果无法根据这一原则来解释一切，他们就会感到不舒服。他们就是迂腐不堪的老学究。我们感觉到，这些人很没有安全感，因此必须把全部的生活都压缩进一些规则和公式，以免自己对现实生活过于恐惧。面对不符合规则或公式的情况，他们只能转身逃跑。如果有人要玩他们不熟悉的游戏，他们会感到羞辱和不悦。毋庸置疑，通过使用这种方法，一个人可以行使很大的权力。想想无数个不顾全大局的"拒服兵役者"[1]的例子吧。我们知道，这些过分"认真"的人其实是受到不加抑制的虚荣心和无限的支配欲的驱使。

即便他们是优秀的工作者，这种迂腐的学究气还是很明显。他们没有进取精神，兴趣狭窄，而且满脑子奇思怪想。例如，他们可能会养成总走在楼梯外侧的习惯，或者只走在人行道的裂缝处。另一些人可能怎么也不愿偏离自己熟悉的道路。所有这些人都对现实生活中的人和事缺乏同情心。为了贯彻自己的原则，他们浪费了大量时间，而且迟早会使自己与环境完全脱节。一旦遇到自己不习惯的新情况，这些人就不知所措了，因为他们没有做好解决问题的准备，而是相信没有规则和魔法般的公式就什么也做不了。

这些人会严格地避免任何变动。例如，他们可能很难适应

1　基于某种道德或宗教信仰原因而不肯服兵役的人。*

春天，因为已经长久地适应了冬天。随着温暖季节的到来，通往开阔天地的道路会引起他们的恐惧，他们担心不得不与别人进行更多的接触，因此感觉很糟糕。这些人会抱怨在春天感觉更难受。因为他们特别难以适应新情况，所以我们会发现，他们基本上都在做一些对主动性要求不高的工作。只要他们没有改变自己，没有哪个雇主会给他们更好的工作。但这些并不是遗传而来的性格特征，也不是不可改变的表现，只是一种错误的生活态度。这种态度以强大的力量占据了他们的心灵，乃至完全控制了他们的性格，最终使这些人无法摆脱自身的狭隘。

顺从

充满奴性的人同样无法很好地适应需要主动性的工作。他们只有在服从别人的命令时才会感到舒适。奴性十足的人按照他人的规律和法则生活，几乎总是不由自主地寻找屈从的位置。这种奴性的态度表现在生活的各个方面。我们可以根据一个人的外在行为推测出这种态度，通常带着几分卑躬屈膝的姿态。我们可以看到，这些人在别人面前点头哈腰，侧耳倾听每个人讲话，然而他们并不去权衡和思考，只是执行对方的命令，重申或附和对方的观点。

这些人将顺从当作荣耀，有时甚至到了令人难以置信的地步。有些人真正的快乐就在于顺从他人。我们绝不是说，那些期望在任何时候都处于支配地位的人就是理想的类型，我们所希望的是，指出那些在顺从中找到人生问题答案的人们生活的阴暗面。

可以说，许多人都认为顺从是一条生活法则。我们且不提仆人这个阶层，在此只讨论女性的境况。"女性必须百依百顺"，这是一条虽不成文但根深蒂固的法则，许多人都将其当成金科玉律。他们相信女性天生就应该顺从。这些观念毒害和破坏了所有的人际关系，然而这种迷信却无法根除。甚至在女性中也有许多信徒，认为这是一条她们必须遵守的永恒法则。但从来没有人见过谁因为这样的观点得到过什么好处。相反，迟早会有人抱怨说：如果女性不是那么顺从的话，一切都会变得更好。

一名顺从的女性迟早会变得依赖别人，在社会上变得毫无用处。事实上，人的心灵不会不加反抗就顺从他人。下面这个例子将说明这一点。

这是一个因为爱情嫁给了名人的女人。她和自己的丈夫都同意上述信条。最后，她简直成了一台机器，除了职责、服务和更多的服务就没有别的了。所有独立的姿态都从她的生活中消失殆尽。周围的人已经习惯了她的顺从，没有人提出特别的异议，但也没有人从她的默默无闻中受益。

这个案例并没有发展到不可收拾的地步，因为它发生在相对较有文化的人群中。但如果我们考虑到，有很大一部分人认为女性的顺从就是她的宿命，那么就可以意识到上述观念中潜藏着多少冲突的种子。当一位丈夫将这种顺从视为理所当然之事，他便随时随地都可能发怒，因为这种顺从实际上是不可能的。

我们发现，有些女性的顺从甚至会发展到专门去寻找那些专横、粗暴的男人。这种不自然的关系迟早会演化成一场公开的战争。我们有时候会觉得，这些女性是故意让女性的顺从看起来荒唐可笑，从而证明它的愚蠢！

我们已经找到了克服这些困难的方法，那就是当一个男人和一个女人生活在一起时，他们必须遵从"合作式"的劳动分工。在这种分工中，没有哪一方是要被征服的。如果说就目前而言这还只是一个理想，那么它至少给了我们一个衡量个人文明程度的标准。顺从问题不仅在两性关系中扮演着重要角色，给男性带来无数难以解决的困难，它还在国家层面上发挥着重要作用。

古代文明的整个经济结构都建立在奴隶制的基础上。也许今天世上的大多数人都是奴隶们的后代，因为奴隶主毕竟是少数。千百年来，这两个阶级一直生活在完全的陌生和彼此对立之中。事实上，直到今天，某些民族仍然保留着种姓制度，顺从原则和一个人对另一个人的奴役也仍然存在，而且随时都可能产生臣服的人。在古代，人们习惯于认为，劳动是奴隶们才会从事的卑贱工作，奴隶主不会让庸俗的劳动弄脏自己的双手。奴隶主不仅是发号施令的人，而且集所有的优秀品质于一身。统治阶级便由这些"出类拔萃者"组成，希腊文中的 *Aristos*（贵族）一词就是明证。贵族统治是由"出类拔萃者"实行的统治，但这种"出类拔萃"完全由权力决定，而不是凭借对美德和品行的考察。只有奴隶才需要接受美德的考察，贵族仰仗的则是手中的权力。

在现代，我们的观点受到了旧有的奴隶制和贵族制的影响（由于人类变得更加亲密的必要性，这些制度已然失去了存在的意义）。伟大的思想家尼采仍然主张，强者实行统治，弱者保持顺从。今天，想要在我们的思维中剔除主仆之分的观念，实现人人平等，仍然非常困难。然而，仅仅是持有"人人绝对平等"这个新观点，就已经是一个很大的进步，能够帮助我们不至于在行为上犯下太大的错误。有些人已经变得奴颜婢膝，他们只有在对别人感恩戴德时才会感到快乐。他们永远都在说"对不起"，似乎为自己存在于这个世上而感到抱歉。我们不应该被表象迷惑，认为他们很乐意这样做。其实在大多数情况下，他们都觉得自己很不幸。

专横

与我们刚才描述的顺从的人相反，专横的人在生活中必须占据支配地位，并且扮演主要角色。他们一生只关心一个问题："我怎样才能比其他人更优越？"这个角色必然会带来各种各样的失望。在某种程度上，这种专横角色可能是有用的，只要它没有伴随着过多的敌意和攻击。

凡是需要指挥者的地方，我们都会看到一个专横的人。他们专门寻求那种发号施令和管理他人的职位。在动荡的年代，当一个国家处于革命时期，这样的人就会如鱼得水。这是完全可以理解的，因为他们有恰当的姿态、态度和欲求，通常也为担当领导角色做了必要的准备。他们习惯了在自己家里发号施令。没有什么游戏能让他们满意，除非让他们扮演国王、统治者或将军。如果有其他人在发号施令，他们会连最简单的事也做不了，一旦必须服从别人的命令，他们就会变得异常激动和焦虑。

在和平年代，我们会发现这些人在商界或社会上领导着各种小团体。他们总是站在最显眼的位置，因为他们会鞭策自己，而且争先恐后地发言。只要他们不扰乱生活的游戏规则，我们就对他们没什么异议，尽管我们不能认同当今社会对这类人的过高评价。他们也是站在深渊前的人，因为他们当不好普通士兵，也做不了优秀的队友。他们终其一生都绷得紧紧的，从不会放松下来，除非他们以某种方式证明了自己的优越。

性情和脾气

如果心理学家认为，那些生活态度和工作态度极为依赖自身性情和脾气的人，是由于遗传而获得这种性格特征的，那就大错特错了。性情和脾气并非遗传而来。它们产生于过度的野心，以及由此而来的过度敏感，这些特质在各种各样的逃避中表现出对生活的不满。这些人的过度敏感就像伸展出来的触角，他们每一次涉足新情境之前，都会用这个触角去试探一番。

然而，有些人似乎总是心情非常愉快。他们努力创造一种欢乐的气氛，以此作为生活的必要基础，并且更强调生活的光明面。在他们身上，我们可以发现各种各样的快乐。在他们中间，有些人像孩子一样欢乐，他们的孩子气中有一些非常动人的东西。他们不是逃避自己的任务，而是以某种顽皮的、孩子气的方式来完成任务，把它们当作游戏或拼图来解决。或许，再也没有比这更富于同情心、更美好的生活态度了。

但在他们当中，也有一些人欢乐过了头，他们以同样孩子气的方式处理较为严肃的场景。有时候，这种方式与严肃的生活场景十分不相称，以至于给人留下非常不好的印象。看到他们工作时的状态，人们心中会产生疑惑，觉得他们很不负责任，因为他们希望不费力气就能克服困难。结果就是，他们根本无法从事真正困难的工作，而这些通常也是他们不愿去做的。

然而，在讨论另一类型之前，我们不能不对这类人称赞几句。

与他们一起工作总是让人感到愉快，他们与那些成天愁眉苦脸的人形成了鲜明的对比。快乐的人比悲观的人更容易赢得人心，因为悲观的人过着悲伤、不满的生活，在自己遇到的每一种情境中都只能看到黑暗的一面。

厄运

这是一条心理学法则：谁要是与社会生活的绝对真理和逻辑为敌，或早或晚一定会感受到来自生活的反击。通常情况下，犯下这些错误的人不会从经验中吸取教训，而是把自己的不幸看作命运对他们的不公。他们终其一生都在向别人说明自己遭遇的厄运，并且竭力证明自己之所以一事无成，是因为他们所做的一切最后都莫名地以失败告终。

我们甚至发现这些不幸的人有一种倾向，即他们为自己的厄运感到自豪，仿佛这种厄运是由某种超自然力量造成的。更仔细地审视这种观点我们就会发现，又是虚荣心在这里作怪。这些人表现得就好像某个恶神专门想要迫害他们一样。他们相信电闪雷鸣是冲着自己来的，担心盗贼会光顾自己与众不同的房子，如果有什么不幸发生，他们确信自己就是那个要遭殃的人。

只有那些始终以自己为中心的人，才会如此夸大事实。感觉自己被厄运追逐，似乎是一种谦卑的心态。但实际上，这些人感到所有敌对力量都在对他们实施报复，是一种顽固的虚荣心在起作用。这些人自童年起就痛苦不堪，他们相信自己是强盗、杀人犯和妖魔鬼怪的猎物，好像这些坏人和鬼怪除了迫害他们就无事可做了。

可以预料，这种生活态度会在他们的外在姿态中表现出来。他们走起路来就像在负重前行，弯着腰弓着背，这样就没有人会低估他们肩负的重担。这些人让我们想起了希腊神庙廊台上的女像柱[1]，她们终其一生都在支撑着神庙的门廊。这些人对待每件事都非常严肃，悲观地看待一切。我们不难理解为什么他们总是遇事不顺。这些人之所以受到厄运的迫害，是因为他们不仅使自己的生活痛苦，而且破坏了别人的生活。虚荣是他们不幸的根源，而表现出不幸却让他们感觉到自己很重要！

宗教狂

此外还有一些总是遭到误解、怀才不遇的人，他们最后遁入了宗教，在宗教的掩护下继续自己以前的行径。他们满腹牢骚，

1　用作建筑支撑圆柱的女性形象雕塑，如雅典卫城的厄勒克西奥神庙便有六根女像柱。*

自我怜悯，把自己的痛苦转嫁给万能的上帝。他们所有的活动都只关注自己。在这个过程中他们相信，上帝——这个格外受人尊敬和崇拜的存在——全心全意为他们服务，并对他们的每一个行为负责。在他们看来，通过一些人为的手段，比如特别虔诚的祈祷或其他宗教仪式，就可以与上帝建立更密切的联系。

简而言之，这位亲爱的上帝除了全身心地关心他们的烦恼，无微不至地照料他们，似乎就无事可做了。在这种宗教崇拜中有非常多的异端邪说，如果旧时的宗教法庭卷土重来，这些极端的狂热分子可能就是第一批被烧死的人。他们对待自己的同伴就像对待上帝一样，只会抱怨、发牢骚，但从不动手自救或帮助他人。他们觉得合作只是对他人提出的义务。

下面这个十八岁女孩的故事，表明了这种虚荣的利己主义会达到怎样的程度。

她是一个非常善良、勤奋的孩子，但很有野心。这种野心表现在她的宗教信仰上，她以最大的虔诚履行每一项仪式。有一天她开始责备自己，因为她觉得自己的信仰不够正统，违背了戒律，而且时常有罪恶的念头。于是她整天都在激烈地自责，怨气非常大，以至于大家都觉得她疯了。她花了一整天时间跪在一个角落里，痛苦地责备自己。

然而在其他人看来，她没有任何可指摘的地方。

有一天，一位牧师向她解释说，她真的从来没有犯过罪，肯定会得到救赎，试图以此消除她的心理负担。谁知第二天，这个年轻的女孩站在这位牧师面前对他大喊大叫，说他不配进入教堂，因为他肩上背负着十分沉重的罪孽。

我们不需要进一步讨论这个案例了。很明显，它说明了个人野心如何闯入宗教领域，并在其掩护下发展壮大，而虚荣又如何使它的主人摇身一变，成为审判美德与罪恶、纯洁与堕落、善良与丑恶的法官。

5

情绪和情感

　　情绪和情感是我们之前所说的性格特征的突出表现形式。情绪表现为一种突然的释放（在某些有意识或无意识的压力下），并且像性格特征一样有着明确的目标和方向。我们可以称之为"有明确时间界限"的心理活动。情感并不是无法解释的神秘现象，而是与个体既定的行为模式和生活方式紧密相关。情感发生的目的是改变个体的处境，使其受益。情感是一种强烈的、剧烈的心理活动，发生在一个人已经放弃用其他方法达到目的，或者对达到目的的可能性已经失去信心时。

　　我们在这里面对的仍然是这样的个体：他的自卑感和不足感迫使他集中所有力量，付出更大的努力，做出比正常人更加激烈的行动。他相信，通过更艰苦的奋斗，自己有可能成为众人瞩目的焦点，并证明自己是胜利者。正如没有敌人就不会有愤怒一样，如果不考虑克敌制胜的目的，我们也就无法想象愤怒这种情绪。在我们的文化中，通过这种激烈的行动来达到自己的目的仍然是有可能的。如果不能通过这种方法获得认可，我们就不会那么频繁地发脾气了。

那些对自己实现目标没有足够信心的人，不会因为自己的不安全感而放弃目标，而是试图通过更大的努力，在情绪和情感的帮助下向目标靠近。一个被自卑感刺痛的人经常会使用这种方法，他试图积聚自己的力量，以某种未开化的野蛮方式来实现自己渴望达到的目标。

由于情绪和情感与人格的本质紧密相关，所以它们并不是某个人独有的特征，而是或多或少地存在于所有人身上。每个人都会表现出某种特定的情绪，只需要把他带到适当的情境之中。我们可以称之为"情绪能力"。情绪是人类生活的重要组成部分，我们每个人都能体验得到。

一旦我们对一个人有了深刻的了解，那么不需要和他有实际的接触，就能想象出他惯常的情绪和情感。这种根深蒂固的心灵现象会对身体产生影响，这是很自然的，因为身体和心灵是如此紧密地结合在一起。伴随情绪和情感出现的生理现象，会通过血管和呼吸器官的各种变化表现出来，比如脸色变红、脸色发白、脉搏加快和呼吸异常等。

分离性情感

愤怒

愤怒是追求权力和支配地位的真实缩影。它清楚地表明，其目的是迅速而有力地摧毁每一个挡在愤怒者面前的障碍。之前的研究已经告诉我们，一个愤怒的人是竭尽全力追求优越的人。这种对认可的追求，有时会演变成一种真正的权力迷醉。当这种情况发生时，我们会发现任何有可能削弱他们权力感的微小刺激，都会使这些个体勃然大怒。他们相信（也许是由于之前的经验），凭借这种方法可以轻松地为所欲为并征服对手。这种方法并不需要很高的智力水平，但在大多数情况下都很有效。对大多数人来说，都不难记起他们是如何通过偶尔的暴怒而重获威望的。

有些情况下，愤怒在很大程度上是合理的，但这些情况不在我们的考虑之列。我们所说的"愤怒"指的是有些人一直怀有这种情绪，将其作为一种习惯的、明显的反应。有些人实际上是愤怒成性，而且除此之外就没有其他方法来处理问题。这些人通常傲慢自大、极其敏感，不能忍受屈居人下或者与人平起平坐，他们必须高人一等才会开心。因此，他们的目光异常敏锐，时刻保持警惕，以防有人靠得太近，或者对自己不够尊重。与这种敏感经常联系在一起的是一种不信任的性格特征。这些人发现，信任别人基本上是不可能的。

我们发现，还有一些性格特征与这些人的愤怒、敏感及不信任相伴而生。在一些极端的情况下，我们完全可以想象，这样一个野心勃勃的人会害怕每一项重大任务，并因此无法使自己适应社会。如果得不到某个东西，他只会有一种反应方式。他表达抗议的方式通常会让周围人感到非常痛苦。比如，他可能会打碎一面镜子，或者毁坏一只昂贵的花瓶。如果他事后辩解说不知道自己在做什么，我们也不太会相信他的话。他想要破坏生活的欲望显而易见，因为他总是毁坏一些值钱的东西，从来不会把愤怒发泄在不值钱的东西上。他的行动无疑是有计划的。

尽管这种方法在较小的圈子里可以取得一定的成功，但只要这个圈子变大一点，这种方法就会失去效力。因此，这些愤怒成性的人很快就会发现，自己一直在与这个世界发生冲突。

伴随愤怒情绪呈现的外在态度十分普遍，以至于我们只要提到"暴怒"这个词，就能想象出一个性情暴躁之人的画面。他对这个世界的敌意态度是显而易见的。愤怒的情绪几乎意味着对社会感的完全否定。他对权力的追求表现得如此残忍，甚至置对手于死地也不难想象。通过分析观察到的各种情绪和情感可以实践我们关于人性的知识，因为情绪和情感是性格最清晰的指标。我们必须把所有暴躁、愤怒和刻薄的人都看作社会和生活的敌人。我们必须再次提请大家注意这个事实：这些人对权力的追求建立在他们自卑感的基础之上。任何认识到自己力量的人，都没有必要表现出这种攻击、暴力的动作和姿态。我们绝不能忽略这一事实。当一个人勃然大怒时，自卑和优越的全部姿态都会清楚地显现出来。愤怒是一种拙劣的把戏，是以他人的不幸为代价来抬高自己。

酒精是促使愤怒出现的最重要因素之一。通常，少量的酒精就足以产生这种效果。众所周知，酒精会减弱或解除文明的禁忌。醉酒的人会表现得好像从未受过教化一样。就这样，个体失去了对自我的控制，也不再顾及他人。当他清醒的时候，或许还能掩藏自己对他人的敌意，并竭力抑制自己的敌意倾向。一旦喝醉之后，他的真实性格就暴露出来了。这些与生活不能和谐相处的人容易嗜酒成性，这绝不是偶然的。他们在酒精中找到了某种安慰和忘却，同时也为自己没有达成目标找到了借口。

一般来说，孩子发脾气要比成年人频繁得多。有时，一件无关紧要的事就足以使孩子大发脾气。这是因为孩子的自卑感更加强烈，会以更明显的方式展示自己对权力的追求。一个愤怒的孩子实际上是在追求他人的认可。这样的孩子所遇到的每一个障碍，即使不是不可逾越的，也是难以克服的。

当愤怒超出了通常的谩骂和生气，实际上可能会伤害愤怒者本人。关于这一点，我们可以顺带提一下自杀的性质。在自杀这一行为中，我们看到了个体试图伤害自己的亲人或朋友，以及因为遭受失败而想要报复自己。

悲伤

当一个人因丧失或被剥夺的经历而无法自我安慰时，就会产生悲伤这种情感。和其他情感一样，悲伤也是对不愉快或虚弱感的一种补偿，试图获得一种更好的处境。在这一点上，它的价值与愤怒类似，而不同之处在于：悲伤是不同刺激的产物，表现为不同的态度，用的是不同的方法。

与其他所有情感一样，悲伤中也存在对优越感的追求。一个愤怒的人试图提升他的自我评价，贬低自己的对手，他的愤怒直接指向某个敌人。而悲伤相当于从心灵前线退缩，这是其随后扩张的先决条件。在随后的扩张中，悲伤的个体实现了他的自我提升和满足。尽管与愤怒的情形有所不同，这种满足仍然是通过宣泄和指向周围环境的行动来实现的。悲伤的人经常怨天尤人，并通过这种抱怨使自己与同伴对立起来。虽然悲伤是人类的天性，但过分的悲伤则是对社会的一种敌对态度。

悲伤者的自我提升是通过周围人的态度来实现的。我们都知道，悲伤的人很快就会发现：如果其他人愿意为他们服务，同情、支持和鼓励他们，或者为他们的福祉做出实际的贡献，他们的处境就会变得更轻松一些。如果眼泪、哭泣和悲伤能使精神宣泄获得成功，那么很明显，悲伤者就会通过使自己成为现有秩序的法官、批评者或原告，从而凌驾于环境之上。这个"原告"因为悲伤而对环境提出越多要求，他对权力的诉求就越明显。于是，悲伤成了一条无可反驳的理由，将种种责任和义务强加给悲伤者的邻人。

这种情感清楚地表明了个体从软弱到优越的奋斗、维持自己地位的企图，以及对无力感和自卑感的逃避。

情感的滥用

　　情绪和情感是克服自卑感、提升人格并获得认可的宝贵工具，只有认识到这一点，我们才能理解它们的意义和价值。情绪表达的能力在心灵生活中有着广泛的应用。一旦孩子明白可以通过愤怒、悲伤或哭泣来支配自己的环境（这些情绪来源于他的被忽视感），他就会反复地测试这种方法。这样一来，孩子就很容易陷入一种行为模式：他会对那些微不足道的刺激也做出典型的情绪反应。只要符合自己的需要，他就会利用这些情绪。沉溺于情绪是一种不良习惯，有时会演化成病态。

　　如果这种情况发生在童年时期，我们会发现此人成年后会经常滥用自己的情绪。我们见过这样的人，他们以游戏的方式利用愤怒、悲伤和其他所有情绪，就好像它们是木偶一样。这种毫无意义且通常令人不快的行为剥夺了情绪的真正价值。当这些个体得不到某个东西，或者其支配地位受到威胁时，表演情绪就会成为他们习惯性的反应。他们用激烈的哭泣来表达悲伤，令人感到相当不快，因为这太像喧闹的个人宣传了。我们都见过这样的人，他们给人的印象是竭力表现出悲伤，像是在跟自己比赛一样。

　　这种滥用有时也表现在一些生理现象上。众所周知，有些人会让愤怒影响到自己的消化系统，以至于他们发怒时会呕吐。这一机制更加明显地表达了他们的敌意。悲伤的情绪与拒绝进食也有类似的关系，以至于悲伤的人真的会"日渐消瘦"，名副其实地呈现出"悲伤的画面"。

对我们来说，这类滥用行为并不是无关紧要的，因为这触动了他人的社会感。一旦邻人对悲伤者表达出友好的情感，他们强烈的悲伤情绪就会停止。然而，有些人希望一直悲伤下去，因为只有在这种状态下，邻人才会表现出友谊和同情，他们的人格感才会得到切实的提升。

尽管愤怒和悲伤会让我们产生不同程度的同情，但二者仍是分离性的情感。它们并不能真正拉近人与人之间的距离。事实上，它们会破坏社会感而使人们相互疏远。诚然，悲伤可以使人结合，但这种结合是不正常的，因为双方的贡献并不均衡。这会扭曲人们的社会感，迟早使另一方不得不付出更多！

厌恶

厌恶这种情感带有分离性因素，尽管不像其他情感表现得那么明显。从生理上来说，厌恶是由胃壁受到某种刺激而引起的。而除此之外，也存在把某种东西从心里"吐出来"的倾向和企图。正是在这一点上，我们看到了这种情感的分离性因素。随后的事件强化了我们的看法。厌恶是一种反感的态度。伴随着这种情感出现的愁眉苦脸意味着对周围人的蔑视，以及试图通过拒绝的姿态来解决问题。

这种情感很容易被误用，被当作摆脱不愉快处境的借口。

人们很容易假装恶心，而一旦"感到"恶心，就必须要逃离自己所处的特定情境。没有哪种情感能像厌恶这样"召之即来"。通过特定的训练，任何人都能够表现出恶心。这样一来，一种无害的情感就成了对抗社会的有力武器，或者成了逃避社会屡试不爽的借口。

恐惧和焦虑

焦虑是人类生活中最重要的现象之一。这种情感有些复杂，因为它不仅是一种分离性的情感，而且跟悲伤一样也能与同伴建立一种单向的联系。一个孩子因为恐惧而逃离某种情境，但他会跑向另一个人的怀抱。焦虑机制并不直接表现出任何优越感——事实上，它似乎表明了一场失败。在焦虑中，一个人尽可能使自己显得渺小，但正是在这一点上，可以看到这种情感连接性的一面，它同时带着一种对优越感的渴望。焦虑的人会逃离到另一种环境的保护中，并试图以这种方式使自己变得强大，直到他们觉得自己有能力面对并战胜面前的危险。

在此，我们面对的是一种根深蒂固的生理情感。它反映了一种笼罩着所有生物的原始恐惧。人类由于天生的柔弱感和不安全感，尤其会遭受这种恐惧的影响。而且，我们对生活中各种困难的认识如此不足，以至于孩子们永远无法自行适应生活。其他人必须为孩子提供他所缺乏的东西。一个孩子在人生之初就会感觉到这些困难，生存的条件也开始对他产生影响。在努力补偿不安全感的过程中，他总是面临失败的危险，从而形成了一种悲观的哲学。因此，他最主要的性格特征就变成了渴望得到周围人的帮助和关心。生活的问题越是无法解决，他就越是变得小心谨慎。如果迫使这些孩子迎难而上，他们会时时盘算着如何撤退和逃跑。由于总是准备着撤退，所以他们最明显的性格特征自然就是焦虑这种情感。

我们在这种情感的表现方式中看到了对抗的端倪，正如在拟态现象[1]中那样，这种对抗既不是进攻性的，也不是直截了当的。当这种情感发生病理性演变时，我们有时会清晰地看到心灵的运作。在这些情况下我们明确地感觉到，焦虑的个体如何伸出求助之手，试图把另一个人拉向自己，把他拴在自己身边。

对这种现象的进一步研究，就把我们引向了之前讨论焦虑这种性格特征时探讨过的内容。在这种情况下，我们面对的是这样的个体：他需要别人的支持，需要别人的时刻关注。事实上，这类似于一种主人和奴隶的关系，仿佛必须有人在场来帮助和支持这个焦虑的人。通过进一步的研究我们发现，许多人终其一生都在寻求得到特别的认可。他们在很大程度上丧失了自己的独立性（由于与生活不充分、不正确的接触），所以他们会以激烈的方式要求得到特权。

1　指一种生物在形态、行为等特征上模拟另一种生物，从而使自己受益的生态适应现象。*

无论多么想要他人的陪伴，这些人都没有多少社会感。但是如果他们表现出焦虑和恐惧，就可以再次创造自己的特权地位。焦虑能够帮助他们逃避生活的要求，并奴役周围的所有人。最终，焦虑会渗透到他们日常生活的各种关系中，并成为他们行使支配权的最重要工具。

连接性情感

快乐

快乐显然是缩短人与人之间距离的桥梁。快乐与孤独势不两立。快乐的表现——正如在寻找伙伴、相互拥抱等行为中所体现的——通常出现在那些想要一起玩耍、合作和享受的人身上。欢乐是一种连接性的态度。可以说，这就像向同胞伸出了一只手。它类似于将温暖从一个人身上辐射到另一个人身上。所有连接性的因素都可以在这种情感中看到。

的确，我们又在讨论这样的人：他们试图克服不满足感或孤独感，以获得某种程度的优越感，遵循的是那条我们常说的"人往高处走"的路线。事实上，快乐可能是克服困难的最佳体现。欢笑可以释放能量，使人自由，它与快乐如影随形，可以说，它代表了这种情感的基石。它超越了个人界限，满载着对他人的同情。

但是，这种欢笑和快乐也可能因个人目的而被滥用。因此，一个害怕产生虚无感的病人在听到地震的消息时，可能会表现出快乐的样子。在悲伤的时候，他会有一种无力感。因此他从悲伤中逃离，试图靠近悲伤的反面——快乐。另一种对快乐的滥用是对他人的痛苦感到快乐。在不合时宜的时间或地点表现出的快乐，是对社会感的否定和毁灭，它仅仅是一种分离性情感、一种征服的工具。

同情

同情大概是社会感最纯粹的表达方式。只要我们在一个人身上发现同情，基本上就可以确定他具有成熟的社会感，因为我们可以通过这种情感来判断，一个人在多大程度上能够使自己融入群体。

比同情本身更常见的，也许是人们对它的滥用。有人把自己包装成一个很有社会感的人，这种滥用本质上是在哗众取宠。因此，有些人在灾难发生时涌向现场，希望自己的名字出现在报纸上，轻易地获得一种名声，而实际上并没有做任何事情来帮助灾民。还有一些人似乎非常乐于追踪他人的不幸。那些以同情和施舍为己任的人无法放弃自己的活动，因为他们实际上是在制造一种优越感，让自己感觉比那些正在接受帮助的可怜的受害者更优越。对人性有着深刻认识的拉罗什富科曾说过："我们总是准备从朋友的不幸中找到某种程度的满足。"

把同情与我们对悲剧的欣赏联系起来是错误的。有人说，台下的观众会感觉自己比台上的角色更圣洁。这并不符合大多数人的情况，因为我们对悲剧的兴趣在很大程度上源于自我认知和自我教育的渴望。我们并没有忽视这只是一场戏的事实，我们是在利用这场演出鞭策自己为生活做好准备。

谦逊

谦逊既是一种连接性情感，也是一种分离性情感。这种情感也是社会感结构的一部分，与我们的心灵生活密不可分。如果没有这种情感，人类社会就不可能存在。当一个人的人格价值将要受到质疑时，或者他有意识的自尊可能要丧失时，谦逊的情感就会出现。这种情感会强烈地传递给身体，并导致外周毛细血管的扩张。皮肤毛细血管充血一般表现为脸红。这种情况通常发生在脸部，但也有些人全身都会发红。

谦逊的外在表现是一种退缩。这是一种自我孤立的姿态，伴随着轻微的抑郁，准备随时逃离威胁性的处境。低眉垂眼和扭扭捏捏都是准备逃离的动作，这清楚地表明谦逊是一种分离性情感。

像其他情感一样，谦逊也可能被滥用。有些人很容易脸红，以至于他们与同伴之间的所有关系都会受到这种分离性行为的破坏。当谦逊被这样滥用时，其作为一种隔离机制的作用就变得显而易见了。

第二部分
人类行为

1

心灵是什么

心灵的概念

我们认为，只有会动的、活着的有机体才有心灵。心灵活动和自由行动之间有着内在的联系。那些扎根不动的有机体不需要心灵。如果生长在地上的植物也有情感，也会思考，那将是多么不可思议！如果一株植物能够感受到痛苦，却无法逃避痛苦，或者它能够预感到伤害，却无法躲避伤害，那将是多么可怕！如果植物拥有理性和自由意志，同时又无法运用它的意志，那将是多么荒谬！在这种情况下，植物的意志和理性必将凋零。

行动和心灵活动之间有着明确的因果关系，正是这种关系将动物和植物区别开来。因此，在心灵活动的发展中，我们必须把一切与行动有关的因素考虑进来。与有机体位置变化有关的一切困难，都要求心灵能够预见未来、积累经验和发展记忆，这样有机体才能更好地适应生存。

因而，我们从一开始就可以断言：心灵活动的发展与行动是联系在一起的，心灵所获得的一切发展和进步，都是以有机体的自由行动为前提的。这种行动会刺激、提高心灵活动的强度，并始终要求它有更高的强度。想象有这样一个人，如果我们能预测他的每一个动作，那么可以说，他的心灵活动已经停滞。正所谓："唯有自由能造就巨人，强制只会扼杀和毁灭生命。"

心灵的功能

如果从上述角度来看心灵的功能，我们就会意识到，这里正在讨论的是一种遗传能力的进化。它来自一个既可进攻又可防守的器官，有机体正是利用这一点，对自己所处的情境做出反应。心灵活动整合了既进攻又防守的机制，最终目的是保证有机体能够在地球上生存，并安全地获得发展。只有承认了这个前提，才会产生进一步的讨论，我们认为这对于真正理解灵魂的概念是必需的。我们无法想象孤立的心灵活动。心灵活动必然与环境紧密相连，它接受外界的刺激，并以某种形式做出回应。它舍弃那些不利于保护有机体免受外界侵害的能力和本领，或者以某种方式与那些侵害的势力紧紧相依，从而保证有机体的存活。

由此可见，心灵与外部环境之间有着多种关系。这涉及有机体本身，例如人类的个性特征、身体素质和优势缺陷等。这些都是完全相对的概念，因为某种能力或某个器官是优是劣，都是相对而言的。它们的价值只能根据个体所处的情境来确定。众所周知，从某种意义上讲，人类的脚其实是"退化"的手。对于需要攀爬的动物来说，这样的脚无疑是一种劣势，但对于在平地上行走的人来说，它却是一种优势——没有人会想要"正常的"手而舍弃"退化的"脚。事实上，在个人的生活中，正如在所有人的生活中一样，劣势不应被视为一切罪恶之源。只有情境才能决定它们到底是有利还是不利。只要想一想宇宙与人类心灵活动间的关系多么错综复杂——宇宙中的昼夜交替、阳光照耀、原子运动，都与人类的心灵活动有关——我们就能意识到情境因素对心灵活动的影响有多大。

心灵的目标

我们在心灵的倾向中发现的第一件事，就是这些运动都指向一个目标。因此，我们不能把人类的心灵看作静态的整体。我们只能把它想象成一个由各种运动力量组成的综合体。这些力量源于某个统一的原因，追求某个单一的目标。这种目的性、这种对目标的追求，是"适应"这一概念所固有的。因此我们只能认为，心灵活动是有目标的，它的所有运动都指向这个目标。

人的心灵活动是由他的目标决定的。人类之所以会思考，有感受、意志和梦想，就是因为有一个始终存在的目标，它决定、延续、修正和指引着这些活动。当然，这是因为有机体必须调整自己，并对环境做出反应。人类生活中的这些身体和心灵现象，都建立在前文已阐明的基本原理之上。如果没有一个始终存在的目标——这个目标本质上由生命的动力所决定，那么心灵的发展是无法想象的。至于这个目标本身，它是变化的或静止的都可以。

在这个基础上，心灵活动中的所有现象，都可以被认为是在为未来的某个情境做准备。在心灵活动中，除了朝向某个目标的力量，几乎不可能发现别的东西。从个体心理学角度来看，人类心灵的所有表现似乎都是朝向某个目标的。

知道了个体的目标，也知道了世界的基本情况之后，我们还必须了解一个人生命中的行动和表现的意义，了解它们对于实现目标有什么价值。心灵并不遵循什么自然法则，因为一个人的目标总是在变化。但是我们仍然必须知道，个体为了实现他的目标会采取什么样的行动，就像如果扔出一块石头，我们知道它的落地轨迹一样。如果一个人有一个确定的目标，心灵必然不可抗拒地追随这个目标，如同它受制于某种自然法则一样。支配心灵活动的法则确实存在，但这是一条人为的法则。如果有人觉得自己有足够的证据，可以证明"心灵法则"的存在，那么他就被表象欺骗了。当他认为可以证明环境之于心灵存在决定性的规律时，他已经暗中做了手脚。假如有一位画家想创作一幅画，人们便把有这一目标的人的所有特质都加在他身上。他会做出所有必要的动作，这些动作会带来必然的结果，仿佛有自然法则在起作用一样。但是，画家创作这幅画，真的是受到外力的作用吗？

自然界的运动和人类心灵的活动是有区别的。所有关于自由意志的问题，都依赖于这一点。如今人们普遍认为，人类没有自由意志。确实，人类的意志一旦服务于某个目标，就会被束缚起来。既然人类与宇宙、动物和社会之间的关系往往决定了这个目标，那么，心灵活动看起来好像受制于某些不可改变的法则，也就不足为奇了。但是，让我们举个例子。如果一个人否认自己与社会的关系，并且排斥这种关系，或者拒绝让自己适应生活的现实，那么，所有这些所谓的法则都会被他抛弃，而新的目标将会决定新的法则。同样，当一个人对生活感到困惑，并试图消除对同胞的所有感情时，社会生活的法则也将无法约束他。因此，我们必须断言：只有在设定了某个目标之后，心灵活动才必然产生。

换句话说，我们完全有可能根据个体当前的活动，推断出他的目标。这一点尤为重要，因为很少有人清楚自己的目标是什么。在实际操作中，要想获得关于人的知识，这是必须采取的做法。由于人的活动可能含义丰富，所以事情并不总是那么简单。不过，我们可以选取个体的若干运动进行比较，并用图表的方式来加以呈现。我们可以把表现心灵生活明确态度的两个点连起来，得到的一条曲线便记录了时间上的差异，由此我们便可对一个人有所了解。运用这种方法，我们可以获得对整个生命的统一印象。

下面我们将举例说明，如何在一个成年人身上重新发现一种童年模式，这种童年模式与他当前的态度惊人地相似。

一名三十岁的男子个性积极进取，在成长的过程中克服重重困难，获得了成功和荣誉。有一天，他在极度抑郁的情况下去看医生，对医生说自己不想工作，也不想活了。这名男子解释道，他正准备订婚，但对未来充满了疑虑。他被强烈的嫉妒心所折磨，因而这份婚约也有可能解除。

他为证明自己的观点而列举的事实并不能令人信服。因为那位年轻的未婚妻是无可指摘的，所以他表现出来的明显的不信任，反而使我们对他产生了怀疑。生活中有很多这样的人，他们被另一个人所吸引，去接近对方，但很快又会采取一种攻击的态度，亲手毁掉他们本来要建立的关系。

现在，让我们按照前文提到的方法，把这位男子的生活方式绘制成图表。我们从他的生活中选取一个事件，然后尝试将其与他当前的态度联系起来。根据经验，我们通常会要求当事人说出自己最早的童年记忆，尽管我们知道不见得能证实这段记忆的真实性。他最早的童年记忆是这样的：他和弟弟及母亲在一个市场里，因为周围嘈杂拥挤，所以母亲把当哥哥的他抱了起来。当她发现自己搞错了，又把他放下来，抱起了年纪较小的弟弟。于是，我们的这位患者就在人群中被挤来挤去，茫然无措——毕竟他当时也才只有四岁。

　　听他回忆这段往事，再比较他对现状的抱怨，我们发现了相同的问题所在：他不确定自己是不是那个受宠爱的人，同时一想到别人会受到宠爱，他就无法忍受。当我向他指出两者的关联时，这位患者大为震惊，立即明白了这种关系。

　　每个人的行为都指向某个目标，而这个目标取决于环境最初给予孩子的印象和影响。每个人的理想状态，也就是他的目标，可能在他出生后的几个月里就形成了。早在那个时候，某些感觉就已在起着一定的作用，激起孩子快乐或不适的反应。此时，一种人生哲学渐渐显露痕迹，尽管是以最原始的方式表现出来。在一个人还是婴儿的时候，影响心灵活动的基本要素就已经确定。在这个基础上形成了上层建筑，这个上层建筑可以被调整、影响或改造。很快，各种各样的影响就会迫使孩子形成一种明确的生活态度，并决定他对生活中的问题做出何种反应。

有些研究者认为，成年人的性格特征在婴儿期就已很明显，这种说法并没有什么错。这也解释了为什么人们经常认为性格具有遗传性。但是，认为性格和人格遗传自父母，这个观点有百害而无一利，因为这妨害了教育者的工作，挫伤了他们的信心。人们认为性格是遗传而来的，真正的原因可能在于：这个借口可以使教育者简单地把学生的失败归咎于遗传因素，以此来逃避自己的责任。毫无疑问，这与教育的目的背道而驰。

我们的文明为确定目标做出了重要贡献。它设置了界限，让孩子在一定范围内不断尝试，直到他找到一条实现自己愿望的途径，这一途径既能保证他的安全，又能使其适应生活。也许孩子在很小的时候就知道，要适应我们的文化现状究竟需要多少安全感。我们所说的"安全"，不仅指相对危险而言的安全，而且指更进一步的安全系数——保证人类有机体在最佳条件下继续存活。这有点像我们在谈论一台精密机器良好运转时所说的"安全系数"。为了获得这种安全系数，孩子往往要求得到"额外的"安全，不仅超过了他满足本能所需要的限度，而且超过了平稳发展的需求。这样一来，他的心灵生活中就出现了一种新的运动。很明显，这种新的运动是一种支配和超越他人的倾向。

像成年人一样，孩子也想超过所有的对手。他会不甘人后，力争上游，这种优势将给他带来安全感，并使他能适应生活，而这与他先前为自己设定的目标是一致的。因此，他的心灵生活中会涌现出某种不安，而且随着时间的推移，这种不安会变得越来越强烈。我们假设当今世界需要人们做出更强烈的回应。如果在这个危急的关头，孩子不相信自己能够克服困难，他就会设法逃避问题，并编造各种借口，而这一切只会强化他内心对荣耀的渴望。

在这种情况下，孩子当前的目标往往就变成了逃避所有的困难。他会变得畏惧困难，或者设法从困境中逃脱，以暂时逃避生活对他的要求。我们必须了解，人类心灵做出的反应并不是最终的反应，也不是绝对的反应：每一种反应都只是部分的反应，都只是暂时地有效，而不应该被视作问题的最终解决方案。特别是在儿童心灵的发展过程中，我们要提醒自己，我们所面对的只是一种暂时的目标状态。我们不能用衡量成人心灵的标准来衡量儿童的心灵。在面对孩子时，我们必须看得更远，并猜测他的精力和活动最终会把他引向何种状态。如果进入孩子的心灵，我们就能明白，他所有力量的表达都符合自己心中的理想。这个理想是孩子为自己创造的，可以帮助他适应生活。

如果想知道孩子为什么会有这些行为，我们就必须站在孩子的立场来看问题。与孩子立场相关的情感基调，以各种不同的方式指导着他。其中有一种是乐观的基调。乐观的孩子往往充满自信，相信自己能够轻松地解决所遇到的问题。在这种情形下，他长大后会有这样的性格特征——认为生活中的各项任务都在自己的能力范围之内。在这个孩子身上，我们会看到勇气、开放、坦率、责任、勤奋等品质的发展。与此相反，则是形成悲观主义的倾向。想象一下，如果一个孩子不相信自己能够解决问题，那他的目标会是什么样的！对这个孩子来说，世界该是多么凄凉！在他身上，我们将会看到懦弱、内向、不信任，以及所有弱者用来保护自己的性格特征。他的目标不仅会超出自己的能力范围，而且一点都不切实际，无法帮助他适应生活。

2
心灵活动的社会性

要知道一个人的想法，我们必须考察他与别人的关系。人与人的关系受制于两个方面：一方面，它是由宇宙的本质所支配的，因此会随之变化；另一方面，它受制于一些惯有的制度，比如社会或国家的政治传统。如果不了解这些社会关系，我们就无法理解人类的心灵活动。

绝对的真理

人的心灵不可能随心所欲地活动，因为它必须解决不断出现的问题，这就决定了它的行动路线。这些问题与人类社会生活的逻辑密不可分。社会生活的基本状态影响着个体，但它本身很少受到个体的影响，即使有影响，也只是一定程度上的。然而，社会生活的现状也并非最终定局。这些状况十分复杂，也容易发生变化。此外，我们都深陷人际关系的网络，无法洞察心灵问题的幽暗面，因而很难彻底理解它。

要摆脱这种困境，唯一的方法就是，承认社会生活的逻辑是这个星球上存在的终极真理。我们作为人类，组织不够健全，能力也受到限制，因而会产生错误。当我们改正之后，就会逐步接近这一真理。

我们要考虑的一个方面是社会的物质层面，马克思和恩格斯曾对此做过描述。根据他们的理论，一个民族赖以生活的经济基础和技术形态，决定了"理想的、合理的上层建筑"，也就是个体的思维和行为。我们所说的"人类社会生活的逻辑"和"绝对真理"，在某种程度上与这个观点是一致的。然而，历史和我们对个体生活的洞察（即个体心理学）告诉我们，个体有时候会因为权宜之计，对某种经济状况的要求做出错误的反应。在试图逃避这种经济状况时，一个人可能会深陷自己的错误反应所编织的大网之中。在通往绝对真理的道路上，我们将会带领大家跨越无数个类似的错误。

我们需要社会生活

社会生活的规则就像气候的规律一样不言自明。气候规律要求人们采取一定的措施，比如为了抵御寒冷，就要建造房屋。社会生活的强制性存在于制度中，我们并不需要完全理解这种制度形式。例如在宗教中，神圣的社会规则成了社会成员之间的纽带。如果说我们的生活状况首先受到了宇宙的影响，那么人类的社会生活以及其中的规章制度，则产生了进一步的制约。社会的需求调节着人们之间所有的关系。人的社会生活优先于他的个体生活。在人类文明史上，没有哪一种生活方式不是建立在社会生活的基础之上的，没有哪个人能够离开人类社会而单独存在。这一点很容易解释。整个动物王国都证明了一条基本法则：如果某个物种没有能力保护自己，就会通过群居来获得新的力量。

群居的本能为人类提供了很大帮助，人类为对抗严酷的环境而发展出的最值得称道的工具，就是心灵。社会生活中处处可见心灵的作用。达尔文很早就注意到：弱小的动物不可能独自生活。由于人类同样不够强壮，无法独自生存，我们不得不把人类也归于弱小动物之列。人对大自然几乎毫无抵抗之力。为了在这个星球上继续存活，人们必须借助许多工具来辅助自己弱小的身体。想象一下：一个孤零零的人，没有任何文明的工具，身处原始森林中，那会是怎样的情景！他会比其他任何生物都更力不从心。他没有其他动物的速度和力量，没有食肉动物的尖牙利齿，没有灵敏的听觉，没有敏锐的视力，而这些都是生存斗争中所必需的。人类需要大量的工具来保证自己的存活。他的营养需求、身体构造和生活方式，都需要一套严密的保护计划。

现在我们明白了，为什么只有在极其有利的条件下，一个人才有可能维持生存。这些有利的条件是社会生活所给予他的。社会生活成了一种必需，因为社会和劳动分工使所有的个体都服从于集体，从而确保了人类物种能够继续存在。"劳动分工"是文明的代名词，只有通过劳动分工，人类才能获得进攻和防御的工具，捍卫自己的财产。只有学会了劳动分工，人类才懂得如何维护自己。想象一下生孩子的艰难和孩子出生后所需要的种种照料吧！只有在劳动分工的前提下，这种关怀和照料才可能实现。再想想人类的肉体所要承受的种种疾病（尤其是在婴儿期），你就会对人类生活中所需要的特殊照料有所了解，就会对社会生活的必要性有所领悟了！社会生活是人类延续生存的最佳保障！

安全与适应

综上所述，我们可以得出结论：从自然的角度来看，人是一种低等的生物。这种自卑感和不安全感不断出现在人类的意识中。它时时刺激着人类去发现更好的方法和手段，从而使自己适应自然。这一刺激迫使他寻求这样一种环境，即能将人类生活的不利状况全部消除，或者降到最低程度。这个时候，就需要有一个能够对适应过程和安全感产生影响的心灵器官。通过增加解剖学意义上的防御武器，比如尖角、利爪或利齿，很难使原始的半人半兽变成一种新的生物，前者将在与自然的战斗中精疲力竭。只有心灵器官才能迅速提供急救，并弥补身体器官的缺陷。正是这种自卑感的刺激，培养了人类的远见和谨慎，使他的心灵演化成一个能思维、有感觉和可行动的器官。由于社会在适应的过程中起着重要作用，所以心灵的发展从一开始就必须考虑社会生活的条件。心灵的所有能力都是在同一个基础上发展起来的，这个基础就是社会生活的逻辑。

毫无疑问，人类心灵的发展离不开逻辑概念，以及它内在所包含的普遍适用性。只有普遍适用的，才是合乎逻辑的。社会生活的另一个工具是发音清晰的语言，这一奇迹使人区别于其他动物。语言现象清楚地表明了它起源于社会，它同样无法脱离"普遍适用性"这个概念。对一个单独生活的个体来说，语言是绝无必要的。只有在社会中，语言才被证明是合理的。语言是社会生活的产物，是社会中个体之间的纽带。这种说法的正确性，可以在一些人身上找到证据。这些人的成长环境使他们很难或根本不可能与他人接触。其中一些人由于个人原因而逃避与社会的所有联系，另一些人则是环境的受害者。不管是哪种情况，他们都遭受着语言缺陷或障碍的痛苦，并且永远无法获得学习另一门语言的能力。似乎只有在人际交流不受阻碍的情况下，语言的纽带作用才能形成并持续下去。

语言在人类心灵的发展过程中有着极其重要的价值。只有在具备语言的前提下，逻辑思维才成为可能。同时，语言给了我们建立概念和理解价值差异的可能性。概念的形成不是个人的事，而是整个社会的事。只有在普遍适用性的前提下，我们的思想和情感才能被他人理解。我们对于美的欣赏，也建立在对美的认知、理解和感受的普遍适用性上。由此可见，思想和观念就像理性、知性、逻辑、伦理和审美一样，都起源于人类社会生活；同时，它们又是个体之间的纽带，可以避免文明的解体。

欲望和意志也可以理解为人类个体境况的一个方面。意志只不过是服务于自卑感的一种倾向，是获得令人满意的适应感的一种手段。行使"意志"则意味着感受这种倾向并付诸行动。每一个自发的行动都始于一种自卑感，其结果都走向一种完满的状态。

社会感

现在我们便可理解，确保人类生存的所有规则，比如法规、图腾、禁忌、迷信和教育，都必须受制于社会的观念并合乎社会规范。我们已经以宗教为例研究了这个观点，并且发现无论对个体还是社会而言，适应群体都是心灵最重要的功能。我们所谓的公正和正直，我们认为人类品格中最有价值的东西，在本质上不过是为了满足人类社会的需要。这些条件塑造了人的心灵，并指导着它的活动：责任、忠诚、坦率、热爱真理等美德，只有通过社会生活的普遍适用性原则，才能够形成并保持下去。

我们只能从社会立场来判断一个人的性格是好是坏。人的性格就像科学、政治或艺术上的任何成就一样，只有在证明了它的普遍价值之后，才会变得引人注目。我们衡量一个人的标准，主要是由他对于全人类的价值来决定的。我们通常拿某个人与理想人物做比较，这个理想人物能够以对社会普遍有用的方式，克服摆在他面前的任务和困难，他是一个社会感发展到一定高度的人。在我们后面的阐述中，这一点将变得越来越明显：任何一个健全的人，在成长过程中都必须培养一种与人相交的深刻意识。

3

儿童与社会

　　社会要求我们承担某些义务，这些义务影响着我们生活的形态和规范，也影响着我们心智的发展。社会是一个有机的整体。个体与社会之间的交点，可以在人类的两性关系中找到。生命冲动的满足、安全感的获得以及幸福的保证，并不存在于孤立的男女当中，而是存在于两性的共同生活当中。当我们观察儿童的缓慢发展时，可能就会确信：如果没有社会的保护，人类的生命就无法进化。生活中的各种义务本身使劳动分工成为必需，这种分工不仅不会使人们相互隔离，反而会加强他们之间的联系。

　　每个人都必须帮助他的邻人。每个人都必须感到自己与他人是密切相连的。人与人之间不可或缺的关系，就是这样产生的。现在，我们必须更详细地讨论这些关系，这是一个婴儿在出生时就要面对的。

婴儿的处境

　　每一个依赖社会的孩子都会发现，自己面对的是一个既给予又索取的世界，既期望人去适应，又满足人的需求。他的本能因为遭遇障碍而无法得到满足，而克服这些障碍则会给他带来痛苦。他在很小的时候就意识到，有些人可以更彻底地满足自己的欲望，并且对生活有更充足的准备。儿童的成长环境要求他有一个具有整合功能的器官，可以说，他的心灵就是在这种情境之下诞生的，心灵的功能就是使他过上正常的生活。为了实现这个目标，心灵会评估每一个情境，并指引有机体走向另一个情境，以最大限度地满足他的本能，并将可能的摩擦降到最低限度。

　　这样一来，他可能会高估打开一扇门所需要的体形，高估搬动重物所需要的力气，高估别人发号施令所需要的权力。他的心灵中开始产生一种成长的渴望，变得跟别人一样强壮，甚至比其他所有人都更强壮。控制自己周围的那些人，成了他生活中的主要目标。身边的年长者虽然认为他年幼、弱小，却因此觉得对他负有义务。于是，他面临两种可能的行动：一方面，继续模仿成年人都在使用的方法和活动；另一方面，继续展示自己的柔弱，让那些成年人觉得必须帮助他。我们会在儿童身上不断看到心灵的这两种倾向。

　　一个人的性格类型，就是在这个早期阶段形成的。有些孩子的发展方向是获得权力和高超的技能，从而获得别人的赞赏和认可。有些孩子则恰恰相反，他们努力以各种方式展现自己的柔弱。我们只要回想一下某个孩子的态度、表情和举止，就可以发现他属于哪种性格类型。只有当我们了解了每种类型与环境的关系，这种区分才有一定的意义。任何一个孩子的行为，通常都会反映出环境的影响。

孩子的可塑性，就在于他努力弥补自己弱点的过程之中。无数的才华与能力，都源于这种自卑感。生活呈现给孩子的情况因人而异。在某些案例中，环境对孩子而言充满敌意，并让他感觉整个世界都是自己的敌人。儿童思维过程的不够全面，使他产生了这种看法。如果他所受的教育不能阻止这种谬误，那么这个孩子的心灵就会沿着这条路线发展，在以后的人生中，他总是把整个世界都当作敌人。一旦他在生活中遇到更大的困难，这种敌意就会加剧。这种情况常常出现在身体有缺陷的孩子身上。这些孩子对环境表现出来的态度，跟那些身体相对正常的孩子完全不同。所谓的身体缺陷，可能表现为运动障碍、某个器官不健全，或者整个肌体抵抗力弱而经常生病。

孩子在面对世界时遇到困难，并不一定仅仅是由身体缺陷引起的。愚蠢的环境对孩子提出不合理的要求，或者提出这些要求时的方式令人遗憾，与他在环境中遭遇实际困难是相差无几的。一个渴望适应环境的孩子，可能会突然发现自己面临重重困难，尤其是如果他成长的环境本身就没法给他灌输勇气，而且弥漫的悲观情绪很快传染到这个孩子身上，就更是如此了。

困难带来的影响

考虑到孩子面临的困难来自四面八方，他的反应并不总是恰当，也就不足为奇了。他的心灵习性发展的时间很短，同时，他发现自己必须适应不可改变的现实条件，而他的调节技能还不够成熟。每当我们觉得对环境做出了错误的反应，都会发现自己的心灵在不断地做着发展的尝试，以便做出正确的反应并在人生中取得进步，就像一场永不停止的实验。在孩子的行为模式中引起我们特别注意的，是他在成长过程中面对特定情境时的反应类型。他的反应态度让我们能够洞察他的心灵。与此同时，我们还必须认识到这样一个事实：任何个体的反应就像社会的反应一样，都不能根据单一的模式做出判断。

孩子在心灵发展过程中遇到的障碍，通常会扭曲他的社会感，或者导致社会感的萎缩。这些障碍可以分为两类：一类是由于物质条件的缺乏，比如他在经济、社会、种族或家庭等方面的异常情况；另一类则是由于他身体器官的缺陷。我们的文明建立在器官健全且充分发展的基础上。因此，如果孩子的重要器官存在缺陷，他在解决生活问题时就会处于不利地位。

那些很晚学会走路的孩子、很晚学会说话的孩子、有任何行动障碍的孩子、因为大脑发育迟滞而表现笨拙的孩子，都属于这一类别。我们都知道，这样的孩子经常走路跌跌撞撞，动作迟缓而笨拙，而且在身体和心灵上承受着巨大的痛苦。很显然，这个世界对他们缺乏温情，也不适合他们生存。像这样因为发育不健全而导致的困难，实在不胜枚举。当然，也存在这种可能性：如果心灵遭受的痛楚没有让孩子在以后的生活中感到绝望，那么随着时间的推移，他们可能会自行建立一套补偿机制，不会留下任何心灵创伤。此外，如果经济上陷入困境，可能会使事情变得更加复杂。

对有缺陷的孩子来说，他们很难理解人类社会中的既定规则，这是意料之中的。他们会用怀疑和不信任的眼光看待身边出现的机会，并倾向于将自己封闭起来，逃避自己所要承担的责任。他们对生活中的敌意尤其敏感，而且会不自觉地夸大这种感觉。他们更多地看到生活中痛苦的一面，而不是光明的一面。在大多数情况下，他们对这两个方面都估计过高，因此终其一生都在与生活战斗。他们要求他人给予自己极大的关注，当然，他们也更关注自己而不是他人。他们认为生活中那些必要的义务更多的是障碍，而不是激励。由于他们对他人充满敌意，所以他们与环境之间的鸿沟不断扩大。现在，他们对待每一次经历都过分谨慎，每一次接触都使他们离事实和真相越来越远，并不断地给自己制造新的困难。

如果父母没有对孩子表现出应有的温情，也会出现类似的困难。无论什么时候，只要出现这种情况，就会对孩子的发展造成严重后果。孩子形成的态度会变得根深蒂固，以至于既不能识别爱，也无法恰当地表达爱，因为孩子的温情本能没有得到培养。如果一个孩子在温情从未得到恰当发展的家庭中长大，那么让他表现出任何形式的温情都将是困难的。他的整个人生态度将是一种逃避的姿态，逃避所有的温情和爱。那些轻率的父母、教育者或其他成年人在教育孩子时，也可能会产生同样的效果。他们给孩子灌输一些有害的格言，让孩子觉得爱和温情是不正常的、可笑的或缺乏男子气概的。我们经常发现有人这样告诉孩子：温情是荒唐可笑的。在经常被嘲笑的孩子中，这种情况更加常见。这些孩子害怕表达情感或感受，因为他们觉得，倾向于对别人表达爱是可笑的、缺乏男子气概的。他们抵制正常的温情，仿佛这会奴役他们或让他们丢脸一样。

　　因此，孩子爱的边界可能在童年早期就已设定好了。在这种压抑所有温情的野蛮教育下，孩子会从自己的环境中退缩，并一点一点地丧失与环境的接触，而这种接触对他的心灵而言是至关重要的。有时候，环境中的某个人给他提供了和谐相处的机会，这个孩子就会与他建立深厚的友谊。这就是为什么有些人在成长过程中，他的社会关系只指向某一个人，他的社会倾向永远不能包容更多的人。前面提到的那个男孩，就是这方面的一个例子。当这个男孩注意到母亲只对弟弟表现出温情时，他感觉自己被忽视了。因此在以后的人生中，他四处彷徨，试图寻找自己从小就失去的温情和关爱。这个例子说明了这类人在生活中可能会遇到的困难。不必说，这类人所接受的教育是压制型的。

伴随过多温情的教育，与缺乏温情的教育一样有害。娇生惯养的孩子和被嫌恶的孩子一样，都会遭遇巨大的困难。在这种教育中，孩子对温情的渴望一开始就会超出所有的界限；其结果就是，倍受宠爱的孩子强烈依附于某个人或某几个人，并拒绝与他们分离。温情的价值在各种错误的经历中被扭曲放大，以至于孩子得出结论：他的爱可以迫使成年人为他承担某些隐性的责任。这个目的很容易达到，孩子只需要对父母说："因为我爱你，所以你必须做这个或那个。"这种武断的社会教条经常在某些家庭圈子内滋生。孩子一旦在别人身上看到这种倾向，就会表现出更多的温情，从而使别人更依从他。

这种对某个家庭成员产生浓厚温情的现象，我们一定要多加留心。毫无疑问，这样的教育会对孩子的未来产生危害。他以后可能会不择手段地努力获取他人的温情。为了实现这个目标，他会利用一切可行的方法；他可能会试图征服自己的对手（兄弟或姐妹），或者整天搬弄是非来打击他们。这样的孩子实际上会煽动他的兄弟去做坏事，以彰显自己的光辉和正直，从而得到父母的宠爱。他会对父母施加一定的社会压力，以便父母把注意力集中在自己身上。为了实现这个目的,他会竭尽全力,直至自己成为众人瞩目的焦点，显得比任何人都重要。他可能很懒惰，也可能很顽劣，唯一的目的就是让父母一直围着自己转；他也可能变成一个模范儿童，因为他认为得到别人的关注是一种奖赏。

在讨论了这些心理机制之后，我们或许可以得出结论：一旦心灵活动的模式固定下来，一切都可能成为达到目的的手段。为了实现自己的目标，孩子既可能会往邪恶的方向发展，也可能成为一个模范儿童，但心怀的是同一个目标。我们经常可以看到，有些孩子通过特定的调皮捣蛋来寻求关注，有些孩子则更加精明，通过特定的美德来实现同样的目标。

这些被宠爱的孩子还可能成为这样的人：他们人生道路上的障碍都已经被扫清，他们的能力以一种友好的方式被贬低，他们从来没有机会去承担自己的责任。这些孩子实际上被剥夺了一切机会，无法为将来的生活做必要的准备。他们没有准备好与愿意跟他们接触的人交往，当然更没有能力与没有主动意愿的人交往——那些人由于自己童年的困境和错误，在人际交往的道路上设置了障碍。这些孩子对生活完全没有准备，因为他们从来没有机会练习征服困难。一旦踏出家庭这个温室一样的小小王国，他们几乎必然遭受失败，因为他们不可能再找到任何愿意为其承担责任和义务的人——像对他们宠爱有加的父母那样的人，即使能找到，也达不到自己熟悉的那种程度。

所有这类现象都有一个共同点：它们或多或少会使孩子孤

立于社会。胃肠道有毛病的孩子，会对营养有一种特殊的态度，并因此在这方面经历与正常孩子完全不同的发展过程。有身体缺陷的孩子会有一种特殊的生活方式，这种生活方式可能最终使他们与他人隔绝。还有一些孩子不清楚自己与环境的关系，从而在现实中竭力回避环境。他们找不到同伴，所玩的游戏也与别人截然不同。他们要么嫉妒同伴，要么鄙视同龄人的游戏，把自己关在屋里玩自己的。

在严格教育的压力之下长大的孩子，同样也有陷入孤立的危险。在他们看来，生活并非阳光普照，因为他们预期生活中没有一件事是顺利的。他们要么觉得自己必须忍受一切困难，谦卑地承受所有痛苦，要么感觉自己是个斗士，时刻准备着与他们觉得充满敌意的环境斗争。这些孩子会感到生活及其任务都太难以应付。不难理解，他们大多数时间都在忙着捍卫自己的个人疆界，以免自己的人格遭遇失败。我们可以猜想，在这些孩子眼里，外部世界总是不友好的。由于过分的小心谨慎，他们产生了逃避一切更大困难的倾向，不愿意将自己置于可能失败的境地。

倍受宠爱的孩子们还有一个共同特征，那就是：他们总认为自己比别人更重要。这是他们的社会感发展不够充分的标志。从这种性格特征中，我们可以清楚地看到他们走向悲观主义世界观的整个过程。如果无法为自己错误的行为模式找到解决方案，他们是不可能幸福的。

人是一种社会性存在

我们已经花了很长的篇幅来说明这一点：只有把个体放到特定的环境中去看待、评价，我们才能理解他的人格。这里我们所说的"情境"，是指个体在宇宙中的位置，以及他对周围环境和生活问题的态度，比如职业上的挑战、与其他人的相处合作等，这些都是他的存在中所固有的。由此我们得以确定，个体在婴儿早期所经历的深刻印象，会影响他整个一生的态度。婴儿出生几个月之后，我们就可以断定他以后会有怎样的人生态度。出生几个月后，我们就不可能把两个婴儿的行为混淆，因为他们已经表现出很明确的模式，而且随着他们的成长，这种模式会变得越来越清晰。一切千变万化，都在这个模式之内。

慢慢地，孩子的心理活动会越来越受到社会关系的影响。与生俱来的社会感在他早期对温情的追求中初见端倪，这种追求促使他寻求与成年人亲近。孩子的爱总是指向他人的，而不是像弗洛伊德说的那样，指向自己的身体。每个人对性欲的追求，在强度和表现形式上都不尽相同。在两岁以上的孩子身上，这些差异可以表现在他们的语言中。只有在最严重的精神病理性退化的压力之下，这种扎根于儿童心灵深处的社会感才会弃他而去。这种社会感会伴随人的一生，在某些情况下也许会发生改变、扭曲或受到限制；在另一些情况下也许会被扩展、放大，直到它不仅涉及个体的家庭成员，而且涉及他的家族、国家乃至全人类。这种社会感还可能跨越这些界限，延伸至动物、植物、无生命物体乃至整个宇宙。我们研究得出的基本结论是：必须将人看作一种社会性存在。一旦理解了这一点，我们就获得了理解人类行为的重要辅助。

4

我们生活的世界

如何认识世界

由于每个人都必须适应环境，所以人的心灵具有从外部世界接受印象的功能。此外，心灵还会根据它对世界的特定理解，沿着在童年期就已确立的理想行为模式，追求某个特定的目标。虽然我们无法精确地表达人们对这个世界的解读，以及所形成的目标，但是可以将其描述为一种始终存在的氛围，它与一个人的缺陷感形成鲜明对比。只有当一个人有目标时，心灵的活动才能发生。我们知道，目标的构建是以改变的能力和自由的行动为前提的。自由行动所带来的心灵丰盛是不可低估的。孩子第一次从爬行到站立，便进入了一个全新的世界，在那一瞬间，他隐约感觉到这个世界的"敌意"。在他第一次尝试行动的时候，尤其是在站起来和学走路的时候，他会遇到大大小小的困难，这些困难会强化或摧毁他对未来的希望。那些在成人看来微不足道或普通平常的印记，却可能对孩子的心灵产生巨大的影响，甚至完全塑造他对这个世界的印象。

因此，在运动方面有困难的孩子，他们的理想可能是能够进行激烈而迅速的运动。通过询问他们最喜欢什么游戏，或者长大之后想要做什么，就可以发现他们的这个理想。通常这些孩子会回答说，他们想成为汽车司机、火车司机之类的人，这清楚地表明，他们渴望克服每一个妨碍自己自由行动的障碍。他们的人生目标就是达到这样一个境界：通过完全的行动自由，将自卑感和束缚感一扫而光。我们不难理解，发育迟缓或体弱多病的孩子很容易产生这种束缚感。同样，天生视力存在缺陷的孩子，会尝试用更强烈的视觉概念来表达自己对世界的理解。听觉存在缺陷的孩子，会对某些听起来更悦耳的曲调表现出强烈兴趣——简单地说，他们可能会变成"音乐迷"。

在孩子用以征服世界的所有器官中，感觉器官最为重要，决定了他与这个世界的基本关系。正是通过这些感觉器官，一个人构建了自己的世界图景。首先接触环境的是眼睛，视觉世界强烈地吸引每个人的注意，给人提供最主要的经验数据。这个世界的视觉图像具有无与伦比的重要性，因为它涉及的是相对持久的材料，而其他器官如耳朵、鼻子、舌头和皮肤，接触的都是短暂的刺激。然而，也有一些人的主要器官是耳朵。他们心灵的信息库更多地建立在听觉的基础上。在这种情况下，可以说他们的心灵是听觉型的。

相比而言，我们较少见到以运动器官为主的个体。对嗅觉或味觉刺激表现出兴趣的人相对也不常见，而前一种人，即对气味更加敏感的人，在我们的文明中处于劣势的地位。至于那些肌肉组织起主导作用的孩子，他们天性便不安分，这迫使他们在童年时就动来动去，成年之后更是活跃。这些人只对肌肉运动发挥主要作用的活动感兴趣。他们甚至在睡眠中都很活跃，只需观察他们在床上翻来覆去的样子，就可以证明这一点。我们必须把那些"烦躁的"孩子归入这一类别，他们的坐立不安经常被看作一种恶习。

总而言之，我们可以说：如果一个孩子在探索这个世界时，没有偏好使用某个或某几个器官——无论是感觉器官还是运动器官，那么他是很难生存下去的。每个孩子都是通过自己较为敏感的器官，从这个世界上收集信息，从而构建一幅关于这个世界的图画。因此，只有知道一个人以什么感官或器官系统来探索这个世界，我们才能理解他，因为他所有的关系都受到这个事实的影响。只有先了解一个人的身体缺陷对其童年期的世界观，以及对他后来的发展有怎样的影响，才能了解他的行为和反应的意义。

世界观形成的要素

那个始终存在的目标决定了我们所有的活动，也影响着某些特定心理机能的选择、强度和活动，正是这些心理机能赋予世界观以形式和意义。这就解释了为什么我们每个人体验到的都是生活中某个特定的片段、某个特定的事件，或者是我们所居住的那片世界。我们每个人都只重视与自己目标相符合的东西。要想真正了解一个人的行为，就必须深刻理解他心中追求的目标。同样，只有知道一个人的整个活动都受这个目标的影响，我们才能评价他行为的各个方面。

知觉

外部世界产生的印象和刺激通过感觉器官传递到大脑，在那里可以保留它们的某些痕迹。在这些痕迹的基础上，个体建立起记忆和想象的世界。但是，知觉永远不可能与摄影图像相提并论，因为它与感知者某些特有的个人品质不可分离。一个人并不能感知他所看到的一切。对于同一幅景象，也没有哪两个人会做出完全相同的反应，如果询问他们感知到了什么，他们往往会给出非常不同的答案。

一个孩子在他所处的环境中感知到的，只是那些符合其行为模式的东西，这一行为模式因为各种原因早已确立。视觉欲望特别发达的孩子，其知觉带有明显的视觉特征。大多数人可能都是视觉思维型的。还有一些人主要用听觉来感知，为自己创造出关于这个世界的拼图。这些知觉并不一定与现实完全相同。每个人都能够重新组合和排列自己与外部世界的联系，使其适合自己的生活模式。一个人的个性和独特性，在于他感知到什么，以及他是如何感知的。知觉不仅仅是一种简单的物理现象，也是一种心灵的功能，我们可以从中得出关于内心生活最为深刻的结论。

记忆

心灵的发展与活动的必要性密切相关，而活动是以知觉为基础的。心灵与人类有机体的行动有着内在的联系，心灵的活动依赖于这种行动的目标和意图。一个人必须收集并整理他受到的刺激，以及他与这个世界之间的关系。他的心灵作为一个适应的器官，必须发展一切起到保护他和维持他生存作用的机能。

现在已很清楚，心灵对生活问题做出的独特反应，在心灵的结构中留下了痕迹。记忆和评估的功能受制于适应的需要。如果没有记忆，我们就不可能对未来有所预防。我们或许可以推断，所有的记忆都有内在的潜意识目的。它们并不是偶然的现象，而是清楚地说出了鼓励或警告的信息。没有哪个记忆是无关紧要或无意义的。只有当一个人确定了记忆的目标和意图时，他才能对记忆做出评价。一个人为什么会记住某一些事情而忘记另一些事情，原因对我们来说并不重要。我们会记住那些对特定心灵倾向很重要的事情，因为这些回忆会暗自推动事情的进展。同样，我们会忘记那些有损于实现计划的事件。

因此我们发现，记忆也服从于有目的的适应，而且每个记忆都受目标观念的支配，这个目标观念指导着整体人格。持久的记忆，哪怕它是虚假的（这是童年期经常发生的事情，儿时的记忆中常常充满了偏见），也可能是从意识领域演变而来的，它表现为一种态度、一种情感基调，甚至是一种哲学观念——如果这些对达成预期目标有必要的话。

想象

一个人的独特性，在他的想象和幻想中表现得最为明显。这里所说的"想象"，是指在引起知觉的对象不在场的情况下对知觉的再现。换句话说，想象是再现的知觉——这是心灵创造力的又一个证据。想象力的产物不仅是知觉的重复（知觉本身也是心灵创造力的产物），而且是一个全新的、独特的产物，它建立在知觉的基础上，正如知觉建立在身体感觉的基础上。

而幻想在聚焦方面远远超出惯常的想象。幻想的视觉如此清晰，以至于不仅具有想象产物所具备的意义，而且影响着个体的行为，就像实际上不在场的刺激物就在现场一样。当幻想显得好像是切实在场的刺激引发的结果一样时，我们称之为"幻觉"。幻觉出现的条件与产生白日梦的条件没有任何区别。每一种幻觉都是心灵的艺术创作，根据个体特定的目标和意图塑造而成。让我们举个例子来说明这种情况。

一个聪明的年轻女子不听父母的劝告结婚了。父母对她不般配的婚姻非常生气，断绝了与她的一切关系。久而久之，这位年轻女子开始相信她的父母对她不够好，但由于双方的傲慢和固执，许多和解的尝试都以失败告终。这个出身名门望族的年轻女子，由于这场婚姻而陷入了相当贫困的境地。然而从表面上看，谁也看不出她的婚姻有什么不幸福的迹象。要不是她的生活中出现了非常奇怪的现象，人们可能会认为她过得很好。

这个女子从小就是父亲最宠爱的孩子。父女间的关系曾经那样亲密，所以现在的裂痕显得更加突出。她的婚姻导致父亲很不待见她，父女之间的裂痕越来越深。甚至在她的孩子出生时，父母也无动于衷，没有去探望她，也没有去探望婴儿。女子对父母的无情耿耿于怀，因为她本来就心高气傲，在最应该得到照顾的时候，父母冷淡的态度深深刺痛了她。

我们必须记住，这个年轻女子的情绪完全被她的野心所支配。正是这种性格特征让我们了解到，为什么与父母的决裂对她影响如此之深。她的母亲是个严厉、直率的人，虽然对待女儿很严厉，但还是有很多优点。她懂得如何顺从丈夫（至少在表面上如此），但又不至于真正失去自己的地位。事实上，她带着某种自豪感让大家注意她的顺从，并认为这是一种荣誉。

这个家庭中还有一个儿子，大家都认为他酷似父亲，是这个家族未来的继承者。他在家里比这位年轻女子更受重视，这更加激发了女子的野心。这个年轻的女子在成长过程中基本上都处于父母的庇护之下，现在她在婚姻中经历的困难和贫穷，使她不断地想起父母亏欠自己，并越来越感到不满。

一天晚上，在入睡之前，她发现门开了，圣母玛利亚走到她的床前，对她说："我是如此爱你，所以我必须告诉你，你将在12月中旬死去。我不希望你毫无准备。"

年轻女子并没有被这个幻影吓到，但她还是叫醒了丈夫，把一切都告诉了他。第二天，她去看了医生，并把这件事情告诉了医生。这显然是一个幻觉。但她坚持说自己看得很清楚，也听得很真切。

乍看之下这似乎不可能，但用我们的知识分析一下，就能很好地理解了。她当前的处境如下：一个非常有野心的年轻女子，正如分析所表明的，她有着支配他人的倾向，与父母关系决裂，并发现自己处于贫困之中。我们很容易理解，一个人为了克服现实生活中的困难，理应接近上帝并与之对话。如果圣母玛利亚只是想象中的人物（比如祈祷时的情形），那么谁也不会觉得这有什么特别之处，但是这个年轻女子需要更有力的论据。

当我们了解心灵能够制造什么把戏之后，这件事就完全没有什么神秘性了。每个做梦的人不都是这样吗？区别仅仅在于：这个年轻女子可以醒着做梦。我们还必须补充一点，她的抑郁感使她的野心处于极大的压力之下。现在我们意识到，实际上是另一位"母亲"在向她走来，事实上，在大众心目中，这位"母亲"是最伟大的母亲。这两位母亲形成了鲜明的对照。圣母之所以出现，正是因为她自己的母亲没有出现。这个幻影的出现，是她对自己母亲的谴责，控诉母亲对子女缺乏关爱。

这个年轻女子现在正设法证明她的父母犯了错。12月中旬是一个重要的时间段。每年这个时候，人们更倾向于考虑他们深层的人际关系，大多数人会更热情地靠近彼此、互赠礼物等。也正是在这个时候，人们言归于好的可能性更大，因此我们可以理解：这个特殊的时间与年轻女子发现自己身处困境关系密切。

在这个幻觉中唯一奇怪的事情似乎是，当圣母友好地靠近她时，带来的却是她死期将至的坏消息。她用一种近似快乐的语调告诉丈夫这一幻觉，这个事实也很有意义。圣母的预言很快就在她的家庭圈子里传播开来，医生也在第二天听说了此事。因此没怎么费力气，母亲就真的来看望她了。

几天之后，圣母玛利亚第二次出现，说了同样的话。当我们问这位年轻女子，她与母亲的见面结果如何，她回答说母亲不承认自己做错了。因此，我们看到旧的主题又出现了。她想要支配母亲的愿望还没有实现。

这个时候，我们试图让她的父母了解女儿的真实生活状态。结果，年轻女子和父亲终于有了一次令人满意的会面。场面很感人，但这个年轻女子还不满意，因为她说父亲的举止有些做作。她还抱怨说，父亲让她等得太久了！即便赢得了胜利，她还是摆脱不了那种倾向，即要证明别人都错了，而她自己是得意的胜利者。

从前面的讨论中，我们可以得出结论：幻觉出现在精神极度紧张的时刻，以及担心自己的目标无法实现的时候。毫无疑问，在发展较为落后的地区和遥远的从前，幻觉对人们有相当大的影响。

在一些游记中常有对幻觉的描写，这是众所周知的。在沙漠中迷失方向，既饥渴又疲惫，这时看到海市蜃楼就是一个绝佳的例子。我们可以理解，当生命处于危急时刻产生的紧张感，会促使个体发挥想象力，为自己创造一个神清气爽的情境，以逃离当前环境中令人不快的压迫感。海市蜃楼就代表了一种新情境，能够给疲惫的人带来鼓励，使意志薄弱者重振士气，使旅行者更加坚强或敏锐。另一方面，这也是一种安慰剂或麻醉剂，可以消除恐惧带来的痛苦。

我们已经在知觉、记忆和想象中见过类似的现象，所以幻觉对我们而言不是什么新鲜事物。当我们关注梦境时，会看到同样的现象。随着想象的增强，再把高级神经中枢的判断功能剔除，是很容易产生幻觉的。在必要或危险的情况下，或在权力受到威胁的压力情境下，人们经常会通过幻想来消除并战胜自己的虚弱感。压力越大，判断功能就越少起到作用。在这种情况下，在"尽你所能帮助自己"这句箴言的激励下，任何人只要借助一点精神能量，就可以使他的想象力投射到幻觉中。

错觉与幻觉关系密切，唯一的区别就是，错觉仍保留着与外部的联系，只是外部的情形被误解了，正如歌德的叙事诗《魔王》中的故事一样。至于背后的情势以及心灵的危机感，两者是一样的。我们再举一个例子来说明在需要的时候，心灵的创造力如何产生错觉或幻觉。

有一名男子出身富贵，但由于没有受过良好的教育，所以一事无成，成了一个无足轻重的小职员。他已经放弃了一切希望，不觉得自己还会有任何成就。这种绝望沉重地压在他的心头，此外，朋友们的责备又增加了他的精神压力。在这种情况下，他开始酗酒，这让他愉快地忘却了一切，并为自己的失败找到了借口。不久，他因为震颤性谵妄[1]被送到了医院。谵妄常常伴随着幻觉，在酒精中毒引起的谵妄中，经常会出现老鼠、昆虫或蛇这样的小动物。另外，与患者职业相关的幻觉也有可能发生。

这位患者被送到了那些强烈反对酗酒的医生手中。他们对他进行了严格的治疗，使他完全摆脱了酗酒，痊愈后出院，三年来滴酒未沾。现在，他带着新的病症又回到了医院。他说，他经常看到一个斜着眼、咧着嘴的人监视自己工作。他现在是一名小工。有一次，因为那个人嘲笑他，他特别生气，就拿起镐头朝那人扔去，想看看他到底是人是鬼。那个幽灵躲开了镐头，但立马向他冲过来，把他狠狠揍了一顿。

在这种情况下，我们就不能再说什么幽灵了，因为这个幻影有着真实的拳头。我们不难找到解释。他一向有幻觉，但这

1　又称戒酒性谵妄，为一种急性脑综合征，多发生于酒精依赖患者突然断酒或突然减量时。*

次他把真人当成了幻影。这清楚地向我们表明，虽然他摆脱了酒精的欲望，但实际上自从出院后，他的情况变得更糟糕了。他丢掉了工作，被赶出了家门，现在不得不靠做小工谋生，而他和他的朋友们都认为这是最低贱的工作。他在生活中承受的精神压力并没有减小。

尽管他已经戒了酒，而戒酒也确实有很多好处，但他实际上因为失去酒精的慰藉而变得更加不幸了。在酒的帮助下，他的第一份工作尚能维持。因为当家里人呵斥他一事无成时，他觉得拿自己是个酒鬼当借口，似乎比他不能胜任一份工作更有面子。在成功戒酒后，他不得不再次面对现实，现在的处境和以前相比，并没有让他觉得少一点压抑。如果现在失败了，他没有什么可以安慰自己，也没有什么可怪罪的，甚至连酒都怪不上了。

在这样的精神危机中，幻觉再次出现了。他认为自己的处境和以前相比没有什么两样，仍然像个酒鬼一样看待这个世界。而且，他用这个姿态清楚地告诉大家：他的一生都毁在了酗酒上，现在已经没有挽救的余地了。他希望通过生病来摆脱那份工作——那份既有失体面，也非常令人不快的挖地沟工作——而不必自己做决定。

他的幻觉持续了很长时间，直到最后被迫再次入院。现在，他可以安慰自己说，如果不是酒精毁了他的生活，他本可以取得更大的成就。这种方法使他能够保持较高的自我评价。对他来说，维持较高的自我评价比工作本身更重要。他所有的努力都在维持这样一种信念：如果不是运气不好，他可以取得更大的成功。正是这个证据维持着他在权力关系中的地位，使他觉得别人并不比自己强大，他不过是遇到了不可逾越的障碍而已。正在他努力寻找借口安慰自己的时候，那个被人斜睨的幻觉出现了。那个幻影实际上是他自尊心的救世主。

幻想

幻想是心灵的另一种创造性机能。这种活动的痕迹，可以在前面描述的各种现象中找到。正如某些记忆会投射形成清晰的意识，或者想象中会出现奇怪的上层结构，幻想和白日梦也被认为是心灵创造活动的一部分。预见和预判是任何能动的有机体的必备技能，也是构成幻想的重要因素。幻想与人类有机体的行动密不可分，实际上，幻想就是一种预见和预知的方法。

儿童和成人的幻想，有时候被称为白日梦，它们总与未来有关。建造"空中楼阁"就是他们活动的目标，以虚构的形式建立真实活动的模型。通过对儿童幻想的考察，可以清楚地看到，对权力的追求在其中扮演着重要角色。儿童在白日梦中处理他们的野心目标，他们大多数的幻想都以"等我长大了……"为开头。也有很多成年人表现得好像还未长大一样。人在幻想中对追求权力的强调再次向我们表明，只有设定了一定的目标，心灵生活才能得到发展。

在我们的文明中，这个目标就是获得社会认可和社会价值。一个人绝不会长久地追求中庸的目标，因为人类的社会生活伴随着不断的自我评价，这必然导致人们渴望追求卓越，希望在竞争中取胜。在儿童幻想中非常明显的对未来的预见，几乎全是表达权力的场景。

但也不能一概而论，因为我们无法为幻想的程度或想象的范围制定规则。我们前面所说的在很多情况下是有效的，但也可能不适用于某些情况。那些以挑衅态度看待生活的孩子，他们的幻想能力会得到更大的发展，因为他们自身的态度使其变得更为警惕。对于那些生活并不总是很愉快的孩子来说，他们的幻想能力会更发达，尤其是有沉溺于幻想的倾向时。在某个特定的发展阶段，他们的想象力也许会成为逃避现实生活的一种途径。他们也许会借助幻想来表达对现实的不满。在这种情况下，幻想就会变成一种对权力的陶醉，个体通过虚幻的想象，使自己超脱平凡的生活。

除了对权力的追求，社会感也在幻想生活中扮演着重要角色。在孩子的幻想中，对权力的追求往往伴随着将这种权力运用于社会的目的。在以下这些幻想中，我们可以清楚地看到这个特征：孩子幻想自己是救世主、行侠仗义的骑士、战胜邪恶的英雄等。孩子们还经常幻想自己不属于现在这个家庭。许多孩子相信，他们实际上来自另一个家庭。总有一天，他们真正的父亲——某个大人物——会来把他们接走。

这种幻想常发生在那些深感自卑的孩子身上，他们被剥夺了许多应该有的东西，只能退缩到没人注意的角落，或者对他们在家庭圈子里得到的爱和温情感到不满。这种自命不凡的想法也会从外在态度中暴露出来，比如孩子表现得像个大人一样。有时候，我们会看到这种幻想以近乎病态的方式表现出来。比如，有些男孩子只戴硬礼帽，或者到处捡烟头，以使自己看起来像个成年男人。或者，有些小女孩想要变成男人，她们的行为举止和穿着打扮都以男性为参照标准。

有些孩子被认为没有想象力，这绝对是个错误。要么是这些孩子没有表达自己，要么是其他原因迫使他们不让幻想显露出来。有些孩子会压制自己的想象力，从而设法获得某种权力感。在拼命适应现实的过程中，这些孩子会认为幻想是缺乏男子气概的或孩子气的，所以他们抗拒幻想。有时候，这种不情愿会发展到极点，以至于他们好像一点想象力都没有。

对梦的一般考察

除了前面描述的白日梦，我们还必须讨论在睡眠中发生的重要且有意义的活动，即夜间的梦。大体上我们可以说，夜间的梦是白日梦的重演。有经验的心理学前辈曾指出，通过一个人的梦境，可以轻松地了解他的性格。事实上，有史以来，梦就在人类思想中占据重要地位。就像白日梦一样，关于睡梦我们所关注的也是人类的活动，他们在梦中规划、安排并引导未来的生活走向安定。两者最明显的区别是，白日梦比较容易理解，而睡梦却很少有人能理解。睡梦令人难以理解，这一点也不奇怪；而且我们很容易认同这样的观点，即睡梦是无关紧要、没有意义的。我们暂且可以这样说：一个渴望克服困难、维持自己未来地位的个体，他对权力的奋力追求会在他的梦中产生回响。对于心灵生活的问题，睡梦会为我们提供解决方法。

共情和认同

心灵不仅能感知现实中实际存在的事物，而且能感知、推测在未来将会发生什么。对任何能自由行动的有机体所必需的预见功能来说，这种能力就是一种馈赠，因为这样的有机体不断地面临着适应和调整的问题。我们称这种能力为"认同"或者"共情"。这种能力在人类身上发展得特别好。它的活动范围非常之大，以至于我们在心灵生活的各个角落都能发现它。预见的必要性是它存在的首要条件。如果我们被迫去预见、预判或预测在某种情境下该如何行动，我们就必须通过思维、感觉和知觉之间的相互联系，学会如何对尚未发生的情况做出正确的判断。事先形成判断是很有必要的，这样一来，我们就能以更大的努力去处理新情境，或者以加倍的小心来避开它。

共情发生在一个人与另一个人的交谈中。如果不能在交谈的同时认同对方，你就不可能理解对方。戏剧就是一种能引起共情的艺术形式。共情的其他例子有很多，比如当一个人发现别人处于危险情境时，他会产生一种奇怪的不安感。这种共情有时会非常强烈，以至于一个人会不自觉地做出防御动作，尽管他自己并没有危险。我们都知道，当一个人的杯子掉到地上时，他会做出什么动作！在保龄球馆，我们会看到有些球员跟随球的运动路线而移动，就像他们想通过自己的动作来影响球的滚动一样！同样，在足球比赛中，看台上的观众看到自己喜欢的球队进攻时，会做出助攻的动作；当看到球在对方手里时，会做出防守的动作。还有一个常见的表现是，当汽车上的乘客感觉到有危险时，会不由自主地做出刹车动作。如果从高楼下经过，正好看到有人在擦窗户，几乎所有人都会做出退缩和防御的动作。当演讲者乱了方寸，讲不下去时，听众同样会感到压抑和不安。尤其是在戏院里，我们几乎无法避免让自己和演员融为一体，也无法阻止自己在内心扮演各种角色。

我们的整个生活都极其依赖于这种认同的能力。如果要追溯这种在行动和感觉上好像自己就是别人的能力的起源，我们就会发现它存在于人类天生的社会感中。事实上，这是一种普遍的感觉，反映了整个世界的关联性：我们都是这个世界的一部分。这也是人类身上不可避免的特征。它赋予我们一种能力，使我们能够将自己与自身之外的事物联系起来。

就像社会感有程度上的差异一样，共情也存在程度上的差异。这种差异甚至在孩子身上就可以观察到。有些孩子全神贯注地跟洋娃娃玩耍，好像它们是真人一样，而有些孩子则对洋娃娃的内部构造更感兴趣，喜欢把它们拆开。如果这种社会关系从人身上移开，投射到没有价值或无生命的东西上，个体的发展可能就会完全停滞。如果不是完全缺乏社会感，缺乏认同其他生命的能力，我们几乎不会看到孩子虐待动物的事件。这一缺失带来的后果是，这类孩子会去关注那些对他们的发展没有价值或意义的事情。他们只考虑自己，而对别人的快乐或悲伤完全无动于衷。这些表现都与缺乏共情能力密切相关。这种对他人认同感的缺乏，可能会导致一个人完全拒绝与他人合作。

催眠与暗示

一个人如何能对另一个人的行为产生影响？

对于这个问题，个体心理学的回答是：这种现象是与我们心灵生活相伴随的表现之一。除非一个人能够影响另一个人，否则我们的整个社会生活都将不复存在。这种互相影响在某些情况下尤为突出，例如教师和学生之间、父母与孩子之间、丈夫与妻子之间等。在社会感的影响下，每个人多多少少都愿意受环境影响。这种受影响的意愿程度，取决于施加影响者对受影响者的权利的考虑。如果施加影响者在伤害受影响者，他就不可能对对方产生长久的影响。如果想对另一个人产生最大的影响，就应该让对方感到他的权利有所保障。这是教育学中一个非常重要的观点。也许我们还能构想甚至实施其他的教育形式，但如果一种教育制度能考虑到这一点，就一定会大获成功。原因在于它符合人类最原始的本能，即人与人、人与这个世界是一体的。

这种影响只在一种情况下会失去作用，那就是个人有意回避社会的影响。这种回避并不是偶然发生的。在此之前，个体与这个世界必定发生过持久的斗争，然后他与世界之间的关系逐渐瓦解，以至于他现在公开反对社会感。这时，要对他的行为施加任何一种影响，都将非常困难或者根本不可能。我们会看到这样激烈的场面：对于任何试图影响他的举动，他都会报以强烈的反击。

我们可能会认为，那些觉得自己受到环境压迫的孩子，会对教育者施加的影响表现出敌意。然而在某些情况下，外部压力是如此强大，以至于扫除了所有障碍，使人们不得不服从权威的影响。我们很容易证明，这种服从对社会毫无价值。这种服从有时会表现为一种奇怪的形式，使服从者无法适应生活。

由于这些人卑躬屈膝地服从，所以如果没有其他人的指令，他们可能就无法思考或行动。这种影响深远的服从本身所带来的危险在于，有些孩子在长大之后会服从任何人的命令，甚至去犯罪。

我们在犯罪团伙中可以看到一些耐人寻味的例子。那些执行团伙命令的人就属于这类人，而团伙头目往往远离作案现场。几乎每一起涉及团伙犯罪的重大案件，都有这样一些卑躬屈膝的人充当了替罪羊。这种影响深远的盲目服从，有时会达到令人难以置信的程度，以至于我们偶尔会发现，某些人竟然为自己的奴颜媚骨感到骄傲，感觉找到了一种满足自己野心的方法。

如果我们去观察正常情况下的相互影响，就会发现那些通情达理、社会感没有扭曲的人最容易受到他人的影响。相反，那些渴望高人一等、支配他人的人很难受到别人的影响。日常观察每天都在告诉我们这个事实。

当父母抱怨孩子时，很少是因为孩子盲目服从。相反，最常见的抱怨是因为孩子的不服从。研究表明，这些孩子被困在一种要求他们出类拔萃的氛围中，他们拼命想推倒束缚自己小小生命的围墙。由于在家中受到错误的对待，教育的影响很难触及他们。

一个人追求权力的欲望越强烈，他对教育的接受程度就越低。尽管如此，我们的家庭教育在很大程度上仍然关注如何激发孩子的野心，唤醒他心中伟大的梦想。这并不是因为父母考虑不周，而是因为我们的整个文化都充斥着类似的夸大妄想。正如我们的文明一样，在家庭中，最受重视的也是那些比其他人更杰出、更优秀、更荣耀的个人。在关于虚荣心的章节中我们已说明，这种培养野心的教育方法如何不适宜社会生活，以及这种野心会如何阻碍个体心智的发展。

无条件服从的结果就是，环境中的每一点变化都会影响到个体，被催眠后就是这种状态。想象一下，服从任何人说出的每个怪念头，将会是怎样的情形！催眠术就建立在这种准备状态之上。任何人都可能会说或相信自己愿意被催眠，但实际上可能缺乏服从他人的意愿。另一种人可能会在意识层面抗拒催眠，但他仍然有渴望服从的天性。在催眠术中，被催眠者的心理态度是决定其行为的唯一因素。他说了什么，他相信什么，都无关紧要。由于分辨不清这个事实，人们对催眠术产生了许多误解。在催眠中我们经常看到，有些个体看起来抗拒催眠，但实际上却渴望服从催眠师的指令。这种意愿可能存在程度上的不同，所以催眠的结果也因人而异。在任何情况下，被催眠的意愿程度都不依赖于催眠师的意志，而完全取决于被催眠者的心理态度。

在本质上，催眠有点类似于睡眠。它之所以神秘，只是因为这种睡眠是在另一个人的指令下发生的。但这个命令只有对愿意服从它的人才有效。通常来说，其中的决定因素是被催眠者的性格和气质。只有愿意听从他人的命令，而不使用自己判断能力的人，才能进入催眠状态。催眠不同于普通的睡眠，原因在于它支配了被催眠者的运动功能，甚至连运动中枢都受催眠师指令的调动。在这种情况下，被催眠者处于和平常睡眠一样的蒙眬状态，只记得催眠师允许他记住的事情。在催眠中最重要的事实是，我们的判断功能——心灵最精巧的产物——在催眠的恍惚状态中完全瘫痪了。可以这么说，被催眠者变成了催眠师一只延长的手，成了受催眠师控制的一个器官。

大多数有能力影响他人行为的人，都将这种能力归因于他们所特有的某种神秘力量。这导致了极大的危害，在通灵术和催眠术的有害活动中更是如此。这些人可以说罪大恶极，他们为了达到自己的邪恶目的，不惜使用任何手段。当然，并不是说所有这些活动都是以欺骗为基础的。不幸的是，人类这种动物如此容易顺从，以至于遇到任何假装拥有特殊力量的人，一不小心就会沦为牺牲品。有太多的人养成了不加验证就认可权威的习惯。大众太容易被人愚弄，愿意被他人的虚张声势所吓唬，而不做任何理性的检验。这种活动永远不会给人类的社会生活带来任何秩序，而只会导致那些受骗者一次又一次地反抗。无论是通灵者还是催眠师，他们的把戏都不可能长期得逞。这些人经常会遇到一些所谓的"被催眠者"，然后被他们尽情地愚弄一番。

在另一些情况下，真理和谎言以奇怪的方式组合在一起：被催眠者可以说是被骗的骗子，他在一定程度上愚弄了催眠师，但也使自己服从于对方的意志。显然，在这里起作用的不是催眠师的力量，而始终是被催眠者的服从意愿。催眠师除了虚张声势，并没有什么魔法能影响被催眠者。任何习惯于理性生活的人，任何自己做决定的人，任何不会把别人的话照单全收的人，自然都不会被催眠，因此也不会被通灵术所迷惑。催眠和通灵现象只是盲目服从的一种表现。

讲到这里，我们还必须讨论一下暗示。如果将暗示归入刺激和印象的范畴，就可以更好地理解它。众所周知，没有哪个人只是偶尔受到刺激。所有人都不断地受到来自外部世界的无数印象的影响，我们永远不会只感知到某种刺激。一旦我们感觉到了某种印象，它就会对我们持续产生影响。当这些印象以另一个人的要求和恳求的形式出现，试图使我们信服或接受他的主张时，那就是暗示了。所谓"暗示"，就是强化或转变被暗示者心中已有的某个观点。更困难的问题在于这样一个事实：每个人对来自外部世界的刺激都有不同的反应，个体受影响的程度与他的独立性密切相关。

有两种类型的人，我们必须牢记在心。第一种人总是高估他人的观点，并因此轻视自己的观点，不论它们是对是错。他们习惯于高估别人的重要性，并乐于改变自己去迎合他人的观点。这些人特别容易受到暗示或催眠的影响。第二种人则把每一个刺激或暗示都视作侮辱。他们认为只有自己的观点才是正确的，而实际上对它们正确与否并不关心。他们不会理睬别人的任何意见。这两种类型的人都有各自的弱点。第二种人的弱点在于，他们不能接受别人的任何东西。这一类人通常都非常争强好胜，尽管他们可能标榜自己乐于接受建议，然而他们之所以宣称自己虚怀若谷、通情达理，只是为了巩固自己孤立的阵地。

5

自卑感与追求认可

童年早期的情形

现在，我们当然已准备好承认这样一个事实：与那些从小就享受生活乐趣的孩子相比，那些不受待见的孩子对待生活和同胞有着完全不同的态度。我们几乎可以将此视为一条法则，即那些生来就有器官缺陷的孩子，必须在很小的时候就为生存而战，而这通常会扼杀他们的社会感。他们没有兴趣主动适应同伴，而是全神贯注于自身，以及自己给他人留下的印象。这条对器官缺陷有效的法则，对任何社会或经济负担也都同样有效，这会表现为一种额外的重负，导致人们对这个世界产生敌意。

在很小的时候，这种决定性的趋势就确定了下来。这样的孩子往往在两岁时就感觉到，不知何故，他们在这场斗争中不如自己的同伴准备得那样充分，他们甚至在普通的游戏和玩耍中都信心不足。由于过去的贫乏，他们心中产生了一种被忽视感，这种感觉表现为他们总是焦急地期待着些什么。我们必须记住，每个孩子在生活中都处于劣势。如果不是他的家人有一定的社会感，他将无法独立生存。当看到每个孩子的脆弱和无助时，我们就会意识到，每个人在生命之初都或多或少有一种深切的自卑感。每个孩子都迟早会意识到，自己无法独自应对生活的挑战。这种自卑感是每个孩子努力奋斗的动力和出发点。它决定了这个孩子在生活中如何获得和平与安全，决定了这个孩子存在的目标，并为这一目标的实现铺平了道路。

孩子可教育性的基础就在于这种特殊的环境，这种环境与他们的身体器官潜能密切相关。但这种可教育性可能会被两个因素破坏。一个因素是夸大的、强化的、未解决的自卑感；另一个因素是目标，这个目标不仅要求安全、和平和社会平衡，还要求获得对环境的控制、对同伴的支配。我们很容易辨认出有这种目标的孩子。他们之所以成为"问题"孩子，是因为他们把每一次经历都理解为失败，他们认为自己总是受到自然和他人的忽略和歧视。只要考虑到这些因素，我们就可以看出，为什么在孩子的生活中，扭曲的、不充分的、充满错误的发展是不可避免的。每个孩子都面临着错误发展的危险。每个孩子都会在某个时候发现，自己处于危险的境地。

由于每个孩子都必须在成人的照料下长大，所以他倾向于认为自己软弱、渺小、无法独立生活；他不相信自己能够不犯错误、干净利落地完成一些简单的任务，即便别人认为他有能力完成。我们教育中的大多数错误都是从这里开始的。当孩子被要求做他们力所不能及的事情时，无助的念头就会浮现在他们脸上。有些人甚至故意让孩子感到自己的渺小和无助。有些人把孩子当成玩具，当作会动的玩偶。有些人则把孩子当成必须严加看管的宝贵财产。还有一些人让孩子觉得自己是毫无用处的负担。父母和成人的这些态度，常常使孩子认为自己只有两种选择：要么讨他们喜欢，要么惹他们不高兴。父母使孩子产生的这种自卑感，也许会因为我们文明中的某些特征而进一步加剧。不把孩子当回事就属于这个范畴。孩子们会有这样的印象：自己是个无名小卒，没有任何权利；自己只是个摆设，没有人理会；必须恭敬有礼、安安静静等。

许多孩子在被人嘲笑的持续恐惧中长大。嘲笑孩子跟犯罪没什么两样。这会对孩子的心灵产生深远的影响，并渗透到他成年后的行为和习惯中。我们很容易识别一个儿时经常被嘲笑的成年人，他根本无法摆脱被嘲笑的恐惧。不把孩子当回事的另一种表现，就是经常对孩子信口雌黄。其结果就是，孩子不仅开始怀疑自己周围的环境，而且会质疑生活的严肃性和真实性。我们曾遇到过这样的案例：有些孩子总是嘲笑、蔑视学校，看起来毫无理由。当被追问原因时，他们承认，父母认为他们的学业不过是一个玩笑，不值得认真对待！

补偿自卑和追求优越

　　正是自卑感、不足感和不安全感,决定了一个人存在的目标。在孩子刚出生的头几天,他们就会设法引人注目,迫使父母注意自己。在这里我们发现,在自卑感的影响下,寻求认可的愿望觉醒并开始发展,其目的是实现这一目标:使这个人看起来优于环境中的其他人。

　　社会感的程度和性质有助于个体确定这个支配目标。我们判断一个人时,无论是儿童还是成人,都必须将其个人的支配目标和社会感的程度进行比较。他的目标是这样设定的:实现这一目标要么能获得一种优越感,要么能使人格得到提升,使他的生活值得过下去。正是这个目标赋予我们的感觉以价值,联系和协调我们的情感,塑造我们的想象力,指引我们的创造力,决定我们应该记住什么和必须忘记什么。因此我们意识到,感觉、情绪、情感和想象的价值是相对的,它们甚至没有绝对的量。心灵活动中的这些要素受到某个明确目标的影响,我们的感知也受此影响,可以说,这些被挑选出来的感知,带着个体所追求的最终目标的隐秘暗示。

　　我们根据一个固定的点来确定自己的方向,这个点是我们人为创造的,实际上并不存在,只是一种虚构。这种虚构之所以必要,是因为我们心灵生活的不足。这与科学上使用的其他虚构非常相似,比如使用不存在但很有用的子午线来划分地球。

在所有心灵的虚构中，我们不得不去假定一个固定的点，即使进一步的观察迫使我们承认它并不存在。这个假设的目的，仅仅是为了让我们能在生命的混沌中确定自己的方向，以便我们能够对各种相对价值有所认识。这样做的好处是：一旦我们假设了这个固定的点，就可以据此对每种感觉和情感进行分类。

因此，个体心理学创立了一套启发式的体系和方法：关注人类的行为，并将其理解为一个最终的关系群——这些关系是基于有机体的基本遗传潜能，在努力追求某个明确目标的影响下产生的。然而经验告诉我们，追求某个目标的假设不仅仅是一种便利的虚构。它的基本法则与实际状况在很大程度上是一致的，无论这些实际状况存在于意识生活中还是无意识生活中。追求某个目标——心灵生活的目的性——不仅是一种哲学假设，而且是一个基本事实。

在探究如何才能最有效地阻止个人对权力的追求（这是我们文明中最大的罪恶）时，我们遇到了困难，因为这种追求开始于我们无法轻易了解的孩童时期。我们只能等孩子长大一点，才可以尝试澄清并改进这种追求。但是，在这个时候和孩子生活在一起，确实给我们提供了一个机会来培养他的社会感，使他对个人权力的追求成为一个微不足道的因素。

更大的困难在于，孩子并不会公开地表达自己对权力的追求，而是以关心和爱作为幌子，在面纱之后继续活动。他们谨慎地希望以这种方式避免暴露。对权力不受约束的追求，会导致孩子心灵发展的退化。过分追求安全和权势，可能会把勇气变成鲁莽，把顺从变成懦弱，把温柔变成有技巧地控制他人。每一种自然的情感或表现，最后都会带上一个伪善的"想法"，其最终目的是征服周围的一切。

教育对孩子的影响，是凭借它有意或无意补偿孩子对安全感的渴望，通过教会他生活的技巧，来赋予他受过训练的理解力，丰富他对同伴的社会感。所有这些措施，无论其源自何处，都是为了帮助成长中的孩子摆脱不安全感和自卑感。在这个过程中孩子的心灵会发生什么，我们必须根据他的性格特征来判断，因为这些特征是他心灵活动的镜子。孩子实际的劣势虽然对他的心理状况非常重要，但并不是衡量他的不安全感和自卑感的标准，因为这在很大程度上取决于他对此的解读。

我们不能指望孩子在任何特定情境中都能正确地评估自己，甚至成人也做不到这一点！正是在这个地方，困难迅速增加。一个孩子可能成长在非常复杂的环境中，以至于他在判断自己的劣势时会不可避免地出现错误。另一个孩子则可能会更好地理解自己的处境。但是总的来说，孩子对自己劣势的理解每天都在发生变化，直至这种感觉固定下来，最后表现为一种明确的自我评价。这会成为孩子一个"恒定的"自我评价，存在于他所有的行为中。根据这个固定的准则或"恒定的自我评价"，孩子会创造出引导自己走出自卑的补偿倾向，后者将指向这个或那个目标。

心灵努力寻求补偿，试图消除令人痛苦的自卑感，这一机制在有机世界中也有类似现象。一个众所周知的事实是：我们身体中那些对生命而言至关重要的器官，当它们的生产力因为正常功能受损而降低时，就会出现增生或亢进的现象。因此在血液循环不畅时，心脏似乎会从全身汲取能量，它也许会扩张，直至比正常的心脏更强大。同样，在自卑感的压力下，或者在感觉自己渺小无助的折磨下，心灵也会竭尽全力去征服这种"自卑情结"。

当自卑感强烈到一定程度，以至于孩子担心永远无法补偿自己的弱势时，危险就出现了：在努力寻求补偿的过程中，他不会仅仅满足于恢复权力的平衡，他还会要求一种过度的补偿，会制造一个失衡的天平！

对权力和优势的追求，也许会变得非常夸张和强烈，以至于必须被称为病态的。当这种情况发生时，日常的生活关系便不会再令人满意。在这种情况下，个体的言行举止往往变得浮夸。这与个体的目标是相称的。在研究病态的权力驱动时我们发现，一些孩子为了保住自己在生活中的地位，付出了超乎寻常的努力，他们变得更匆忙、更急躁、更冲动，而且不考虑其他人。这些孩子的行为更加引人注目，因为他们在追求夸大的优势目标时会做出夸张的动作。他们攻击别人的生活，从而必须保卫自己的生活。他们与世界对抗，所以世界也与他们对抗。

这种最糟糕的情况不一定会发生。有些孩子追求权力时，并没有打算与社会发生冲突，他们的野心也没有什么不正常的特征。然而如果仔细研究他们的活动和成就，我们就会发现：总的来说，社会并没有从他们的成功中受益，因为他们的理想是非社会性的。他们的野心总是让他们成为其他人的绊脚石。渐渐地，其他特征也会出现。如果我们从整个人类关系的角度来考虑，这些特征会日渐呈现出反社会的色彩。

在这些表现中，最突出的是骄傲、虚荣，以及不惜任何代价征服他人的欲望。后者可能通过一个人的相对提升，即通过贬低所有与他接触的人而微妙地实现。在这种情况下，重要的是拉开他与同伴之间的"距离"。他的态度不仅令其他人感到不舒服，而且也令他自己不舒服，因为这种态度使他不断接触到生活的黑暗面，使他无法体验任何生活的乐趣。

有些孩子为了确保自己在环境中的威信而过分追求权力，这很快就迫使他们对日常生活中的普通任务和责任采取抵制态度。如果把如此渴望权力的人与理想的社会人做个比较，我们凭借一点经验就能说出他的"社会指数"，也就是他与同胞之间的疏离程度。一个对人性有敏锐判断的人，会注意到身体缺陷和劣势的重要性。他清楚地知道，如果不是心灵进化过程中先前的困难，不可能形成这样的性格特征。

当我们认识到在心灵正常发展过程中可能出现的困难的重要性，并在此基础上对人的本性有了真正的认识，那么，只要我们的社会感得到了完全的发展，这种知识就不会成为害人的工具。相反，我们只会用这种知识来帮助自己的同胞。如果一个人因为身体有缺陷或性格有问题而表现出愤怒，我们不应该责备他。这个责任并不在他。事实上，我们必须承认他有权利感到愤怒，而且我们必须意识到，对于他的处境，我们也负有一部分责任。我们之所以有责任，是因为我们对造成这个问题的社会情境不够警惕。如果我们保持坚定的立场，最终将会改善这种情况。

我们不应该把这样的人当作一个卑贱的、没有价值的流浪者，而应该把他看作人类的同胞。我们应该为他创造一种氛围，让他有机会感到自己与周围环境中的其他人是平起平坐的。想象一下，当你看到一个身体有明显缺陷的人时，你会感到多大程度的不愉快？这种感觉是一个很好的指标，可以衡量你需要多少教育，才能形成一种绝对公正的社会价值观，才能使你自己与真正的社会感完全达到和谐。我们也可以借此判断，我们的文明对这样的个体亏欠多少。

不言而喻，那些生来就有身体缺陷的个体，在人生之初就感到了一种额外的生存负担，因此他们会发现，自己对整个人生都很悲观。由于这样或那样的原因而产生强烈自卑感的孩子，也会发现自己处于类似的境况，尽管他们的器官缺陷并不那么明显。这种自卑感可能会被人为地强化，结果就好像这个孩子天生有残疾一样。例如，在成长的关键期受到非常严厉的教育，就可能导致这种不幸的后果。在孩子生命早期就扎在他们身上的"刺"永远也拔不掉，他们所遭受的冷遇会阻止他们接近周围的人。因此，他们认为自己生活在一个缺乏爱和温情的世界里，他们和这个世界没有任何共同的联系。

让我们来看一个例子。

有一位病人非常引人注目，因为他不断地告诉我们，他的责任感有多强，他的所有举动有多重要，他跟妻子的关系有多糟糕。他们两个对无论巨细的所有事情都要争个对错，非要压倒对方不可。在无休止的争吵、指责和羞辱中，两个人不可避免地越来越疏远。这个男人对同胞——至少⋯⋯和朋友而言——仅存的那一点社会感，也被他对优越感的追⋯⋯

在十七岁以前，他的身⋯⋯他的声音仍像个小男孩，没有长体毛，也没有长胡⋯⋯瘦小的学生之一。现在他三十六岁了。从他的外表根本看不出他缺乏任何男子气概。造物主似乎已经跟上了脚步，弥补了他十七岁之前所有的缺憾。但在长达八年的时间里，他一直遭受发育不良的折磨。那时，他无法确保造物主会弥补他的发育异常。在此期间，他无法摆脱这样一种想法，那就是他必须永远是个"孩子"。

从他的经历中，我们了解到了以上事实。早在他的青少年时期，我们就可以看出他现在性格特征的端倪。他的行为举止表现得好像他很重要，似乎他的每个动作都具有举足轻重的价值。他的一举一动都在吸引大家的注意力。随着时间的推移，他逐渐形成了我们今天在他身上看到的那些特征。结婚以后，他总是想让妻子知道，他真的比她想象的更强大、更重要；而妻子却忙于向他证明，他对自己价值的判断有多么不真实！在这种情况下，他们的婚姻甚至在订婚之初就显露出破裂的迹象。婚姻关系难以为继，最终以一场"社会大灾难"而告终。

正是在这个时候，这位病人前来就医，因为婚姻的破裂使他原本就受伤的自尊更加支离破碎。要想得到治愈，他必须先从医生那里学习如何了解人性，他必须学习如何理解他在生活中所犯的错误。而这个错误，这种对自身劣势的错误评价，在他接受治疗之前已经影响了他的整个生活。

人生曲线图和世界观

在说明这些案例的时候，如果我们能够展示患者的第一印象与实际病情之间的关系，往往会带来许多方便。最好的方法就是，用类似数学公式的曲线图来表示。连接两点的一条线，代表一个方程式。在许多案例中，我们都能绘制出这种人生曲线图，即贯穿一个人所有运动的心灵曲线。这个曲线的方程式，表明了个体从童年开始就遵循的行为模式。也许有些读者会觉得我们这样做过于简化，贬低了人类的命运；或者认为我们倾向于否认每个人是自己生命的主人，否定人类的自由意志和判断。就自由意志而言，这一指控是正确的。我们确实认为，这种行为模式就是决定性的因素。也许，行为模式的最终结构会发生一些变化——在某些情况下，孩子的处境被后来他与环境之间的关系所修正，会使这种行为模式发生些许变化——但它的基本内容、能量和意义，从童年早期开始就一直保持不变。

在诊疗的时候，我们必须考察最早期的童年经历，因为婴儿早期的印象预示了孩子发展的方向，以及他在未来如何应对人生的挑战。在应对人生的挑战时，孩子会利用他在以往生活中形成的所有心理潜能。他在婴儿时期感受到的特殊压力，将会影响他对人生的态度，并以一种简单的方式决定他的世界观和人生观。

我们不应对此感到惊讶，即人们在婴儿期之后，就不会再改变他们对待生活的态度了。尽管在后来的生活中，这种态度的表现形式与婴儿时期有很大的不同。因此重要的是，要把婴儿放进一种难以让他产生错误人生观念的关系中。在这个阶段，孩子身体的力量和复原力是一个重要因素。但他的社会地位，以及那些教育者的性格特征也几乎同等重要。即使在生命初期，一个人对生活的反应是自动的、反射性的，但在以后的人生中，这些反应会根据特定的目标发生变化。一开始，个体的基本需要决定了他的痛苦和快乐，但后来他就能够避开和克服这些原始需要带来的压力。这种现象通常出现在"自我发现"时期，也就是孩子开始称自己为"我"的时候。也正是在这一时期，孩子意识到自己与环境之间的关系已经固定。这种关系绝不是中性的，因为它迫使孩子根据他的世界观、幸福观所提出的要求，而采取不同的态度，并调整自己与环境的关系。

如果重申关于人类心灵生活目的性的论述，我们就会越来越清楚，这种行为模式的一个特别标志就是坚不可摧的整体性。我们必须把人当作一个整体的人格来对待，这种必要性在某些情况下尤为明显，因为我们发现，同一心灵倾向有着许多截然不同的表现。有些孩子在学校和在家里的行为截然相反，正如有些成年人的性格特征看起来也非常矛盾，以至于他们的真实性格让人感到迷惑。同样，两个人的动作和表现可能看起来一样，但如果探究他们潜在的行为模式，就会发现其实完全不同。有时候两个人似乎在做同样的事情，但实际上他们所做的完全不同；而有时候两个人看起来在做不同的事情，但实际上他们可能在做同一件事！

由于存在多种意义的可能性，我们永远无法将心灵生活的表现当作一个孤立的现象。相反，我们必须根据它们所指向的那个统一目标来评价。只有当我们知道了一种现象在一个人整个生活背景中的价值时，才能了解它的本质意义。只有当我们确认了这样一条法则，即一个人生活中的每一种表现都是其整体行为模式的一个方面时，我们才能理解他的心灵生活。

当我们最终理解人类的一切行为都以追求某个目标为基础，并且人类的行为自始至终都受制于这一目标时，我们也就能理解在什么地方可能会出现最严重的错误。这些错误的根源在于，我们每个人都根据自己的特定模式来利用自己的成就和心灵资产，并在某种意义上强化个人生活模式。这种情况之所以成为可能，是因为我们从来不分析任何事物，而只是接收、转化并吸收来自意识以及无意识深处的所有感知。只有科学才能阐明这个过程，并使其为人所理解，也只有科学，最终能修正这个过程。我们将用一个例子来总结关于这一点的阐述，在这个例子中，我们将运用所学的个体心理学概念来分析、解释每一种现象。

一名年轻女性来看医生，抱怨对自己的生活极其不满。她相信，这种不满是因为她整天都被各种各样的事务所占据。我们可以看出她是个急性子，总是神色不安。她抱怨道，即使只做一些简单的工作，她也会感到非常焦虑。我们从她的家人和朋友那里了解到，她对每一件事都很认真，似乎快被工作的重担压垮了。我们得到的总体印象是，她是一个凡事都很认真的人，许多人都有这样的性格特征。她的一位家人说："她总是对每一件事都小题大做！"

　　这句话为我们提供了宝贵的线索。让我们试想一下，把每一个简单的任务都看得特别困难、特别重要，这种倾向会给其他人或者伴侣带来怎样的印象？我们不禁感到，这种倾向相当于向其他人发出请求，要求别人不要再给她分配任何其他任务，因为她连最基本的工作都已经应付不过来了。

　　然而，我们对这位女士的性格了解得还不够。我们必须激发她进一步表达自己。在这样的诊疗中，我们必须旁敲侧击、机敏谨慎。我们绝对不能企图支配病人，因为这只会使她产生敌意。一旦建立了信任，有了交谈的可能，我们便可以逐渐得出结论：她的整个生命只关注一个目标。她的行为表明，她试图向某人（可能是她丈夫）表示，她无法再承担任何进一步的责任或义务，而且必须得到小心和温柔的对待。

　　我们可以进一步推测和想象：这一切必定是从过去某个时刻开始的，而且她以前肯定提出过这样的要求。我们成功地从她那里得到了确认：许多年以前，她曾有一段时间特别渴望温情。现在，我们就可以更好地理解她的行为了：这是因为她极度渴望得到他人的关心，不希望重蹈覆辙，让自己所渴望的温情和关爱仍然得不到满足。

我们的发现被她进一步的解释所证实。

她谈起自己的一个朋友，这个朋友在很多方面都与她截然相反：生活在一段不幸的婚姻中，并一直想要逃离。有一次，她遇见了这位朋友。当时朋友站在那里，拿着一本书，用厌烦的声音对丈夫说，她真的不知道自己能否准备那天的晚餐。这句话激怒了她的丈夫，他严厉地批评她并攻击她的人格。

对于当时发生的这件事，她补充道："当我想起这件事时，我觉得我的方法要好得多。没有人可以用这种方式指责我，因为我从早到晚都在超负荷运转。如果我在家没有按时做好午餐，没有人可以说我什么，因为我总是忙得不可开交。难道我现在要放弃这种方法吗？"

我们可以理解她的心灵在干些什么。她试图以一种相对无害的方式获得某种优势，但同时又不断请求他人的温柔对待，以此来消除所有的指责。既然这个机制取得了成功，那么要求她放弃就似乎显得不太合理，但是她行为的含义远不止于此。她对温柔的诉求（同时也是一种支配他人的企图）永远没有尽头，因此会产生各种矛盾。如果家里有什么东西丢了，结果必定是"小题大做"，把家里搞得天翻地覆。然后，因为有那么多事情要做，所以她经常会头痛，不能安然入睡。她必须将一切活动都安排得井井有条。例如，收到一份赴约的邀请，对她来说就是一件大事。接受这份邀请，需要做大量的准备工作。因为在她看来，最简单的小事也是不同寻常的大事。所以，到别人家里做客更是一件大事，需要花费几个小时甚至好几天去准备。我们可以预测：她要么因为不能前往而表示歉意，要么至少会迟到。在生活中，这种人的社会感绝不会超过某个限度。

在婚姻生活中，许多关系都会因为这种对温情的诉求而具有特殊的意义。例如我们可以想象，丈夫有时候需要外出工作、出门访客，或者参加他所属的社团活动。如果在这个时候，他把妻子单独留在家里，这是否也属于缺乏温情和关爱呢？一开始我们可能会说是这样的，而且事实也确实如此，因为结婚后丈夫就应该尽可能多待在家里。在某种程度上，这种义务虽然看起来令人愉快，但实际上对任何有职业的人来说，都意味着难以忍受的困境。在这种情况下，不和谐似乎是不可避免的。在我们这个案例中，这种不和谐很快就出现了。丈夫有时很晚才上床睡觉，他尝试不去打扰妻子，却惊讶地发现她还醒着，用责备的目光看着他。

我们不必在这里详细描述这种众所周知的情况。但我们也不应该忽略这样一个事实：我们所讨论的不只是女性的小毛病，因为许多男人也有着类似的态度。在此我们只想表明，人们对关爱的要求，有时会以不同的方式表达出来。在我们这个案例中，就出现了以下情形：

如果在某些情况下，丈夫晚上必须外出，妻子就会告诉他：既然你很少参加社交活动，那么你不应该回家太早。虽然她说这话的语气很幽默，但这句话的意思却很严肃。表面上看，她的表现否定了自己之前给人的印象，但进一步观察就能看出二者之间的联系。这位妻子很聪明，没有表现出严厉的态度。从外表来看，她漂亮迷人，性格上也没什么缺点，只是她的心理活动让我们很感兴趣。

她对丈夫说的那句话的真正含义在于，那是妻子发出的最后通牒。现在既然她已经批准了，他可以在外面待到很晚。然而，如果他出于自己的原因没有回来，她就会感受到可怕的伤害和冷落。她的话给整个局面蒙上了一层面纱。她成了夫妻中主导的一方，而她的丈夫即使是在履行自己的社会义务，也要依赖于妻子的愿望和意志。

现在，让我们将这种对温情的渴求与我们得到的新印象——这位女士只有自己发号施令时，才能忍受某种情形——联系起来。我们突然意识到，她在自己的整个一生中，一直被一种冲动所驱使：永远不要屈居次席，永远保持支配地位，永远不要被人推离安全位置，永远待在自己小小世界的中心。在她所处的每一种情境中，我们都可以发现这一点。例如，当她必须找一名新的女仆时，她会变得异常兴奋。很明显，她在担心自己能否像控制老仆人那样，对这个新仆人保持支配地位。同样，当她准备离开家去散步时，相当于要离开一个绝对受她支配的领域，走进外面的世界，走到大街上去。在那里，一切突然都不受她控制了，她必须避开每一辆汽车，事实上，她扮演着一个非常顺从的角色。当你理解了她在家里实施的专制，她紧张的原因和意义就非常清楚了。

这些性格特征经常以一种愉快的姿态出现，乍看之下，没有人会认为这个人正在受苦。然而，这种痛苦有时会达到极大的程度。想象一下这种紧张被夸张和放大后的情形吧。有些人害怕乘坐有轨电车，因为在有轨电车上，他们不再是自己意志的主人。有时候，这种恐惧会发展到令他们最终不敢离开自己的家门。

对这个案例做进一步考察，我们会发现这是一个很有启发性的例子，表明了童年印象对个体生活所产生的影响。我们无法否认，从这位女士的角度来看，她是完全正确的。如果一个人的态度以及他的整个生活，都不顾一切地想要获得温暖、尊重、荣誉和温情，那么表现出好像总是负担过重、精疲力竭的样子，不失为一种实现目标的好方法。没有其他的办法可以一劳永逸地避开批评，同时还能迫使他人变得温柔，并避开一切可能会干扰心灵平衡的事物。

如果再往前回顾这位病人的生活经历，我们就会发现：

甚至在上学期间，每当她无法完成作业时，就会变得异常紧张，用这种方式迫使老师对她非常温柔。她还补充道，她在家里排行老大，下面有一个弟弟和一个妹妹。她经常和弟弟打架。因为在她看来，弟弟总是受偏爱的那个。让她特别生气的是，大家总是更关注弟弟的学业，而对她的功课（她原本是个好学生）却漠不关心。最后她实在忍无可忍，一直抱怨为什么她的优异成绩得不到同等的重视。

显然很容易理解，这个年轻的女孩一直在争取平等。她从小就有一种自卑感，并试图克服这种感觉。她在学校所做的补偿就是成为一名差生。她企图通过糟糕的成绩来压倒弟弟！这并不是什么高尚的做法，但她幼稚地认为这么做合乎情理，因为这样一来，父母的注意力就会更多地指向她。她的小把戏一定是有意识的，因为她很清楚地宣布，自己要做一个坏学生！

然而，她的父母对她在学校里的失败却一点也不担心。这时，有趣的事发生了。她在学习上突然有了显著的进步，因为现在她的妹妹作为一个新角色登场了。妹妹在学校里的表现也不好，但母亲对她几乎表现出了跟对弟弟一样的强烈担忧。其中特殊的原因在于，这位患者只是学习成绩不好，但妹妹在品行方面也有问题。因此，妹妹更容易吸引母亲的注意力，因为与单单学习成绩差相比，品行问题具有完全不同的社会影响。妹妹的情况更为紧急，迫使父母更多地关注她。

争取平等的战斗暂时失败了。但是一场战斗的失败，绝不意味着永久的和平。没有人能忍受这样的局面。此后，我们将不断发现促使她性格形成的新倾向和新活动。我们现在能够更好地理解她的小题大做、慌张匆忙，以及表明自己饱受压力的意义了。这一切原本是为她母亲准备的，她想迫使父母像关注弟弟妹妹那样关注她。与此同时，这也是对父母的一种指责，责怪他们对她比对其他孩子更差。当时形成的基本态度一直延续到了今天。对此，我们甚至可以追溯到她更小的时候。

她清楚地记得童年时发生的一件事。她想用一块木头去打刚出生的弟弟，幸亏母亲及时发现，才使她没有造成更大的伤害。当时她三岁（在如此早的时候），这个小女孩已经发现，她之所以被忽略、不受重视，只因为她是个女孩。她还清楚地记得，自己无数次表达过想要成为一个男孩的愿望。弟弟的出生不仅使她失去了家庭的温暖，而且让她感受到了侮辱。因为作为一个男孩，弟弟得到的待遇比她以前要好得多。在努力补偿这一缺陷的过程中，她偶然发现了一种方法，那就是总是显得不堪重负的样子。

　　现在让我们来分析一个梦，看看这个行为模式在她的灵魂中有多么根深蒂固。

　　这位女士梦见自己在家里跟丈夫谈话，但她的丈夫看起来不像男人，而像个女人。这个细节象征着她处理自己所有经历和关系的模式。这个梦意味着，她与丈夫之间实现了平等。他不再像她弟弟那样是个高高在上的男人，他现在像个女人了。他们没有地位上的高低之别。在她的梦里，她实现了从童年时代就怀揣着的愿望。

这样，我们就成功地将一个人心灵生活中的几个点连接起来了，我们发现了她的生活方式、她的人生曲线及她的行为模式。由此，我们可以获得一幅关于她的整体画面。在这里我们所面对的，是一个通过温和手段努力扮演支配角色的人。

6

为生活做准备

　　个体心理学的基本原则之一就是：所有的心灵现象都可以被看作为某个明确目标所做的准备。在前面描述的心灵生活的结构中，我们可以看到个体对未来的不断准备；而在未来，所有的愿望似乎都能得到实现。这是一种普遍的人类经验，我们所有人都必然经历这个过程，所有讲述理想未来状态的神话、传说和英雄传奇都与此有关。在任何宗教中我们都可以发现：人们相信曾有一个天堂，并且希望能够重返天堂，那时所有困难也将迎刃而解。灵魂不朽或灵魂转世的教理，都是相信灵魂可以达到一种新形态的明确证据。每一个童话故事都是一个见证，证明人类对幸福未来的希望从未消退。

游戏

在孩子的生活中有一个重要的现象，清楚地显示了他为未来做准备的过程。那就是游戏。游戏不应该被看作父母或教育者随意想出的主意，而应该将其视作教育的辅助工具，刺激孩子心理、想象力和生活技能的发展。在每一个游戏中，我们都可以看到孩子为未来所做的准备。

孩子对待游戏的态度、做出的选择以及对游戏的重视程度，表明了他对环境的态度、他和环境的关系以及他与同伴的关系。他是充满敌意还是态度友好，特别是他是否有支配他人的倾向，都在他的游戏中显露无遗。通过观察一个孩子游戏的过程，我们可以看出他对生活的整体态度。游戏对每个孩子来说都极为重要。这些事实告诉我们，孩子们的游戏应该被看作对未来的准备，而这一发现要归功于教育学家谷鲁斯[1]教授，他在动物的游戏中也发现了同样的倾向。

但是，关于游戏的本质，"做准备"这一概念尚未穷尽我们的全部观点。最为重要的是，游戏是一种社会练习，它能使孩子满足并实现他们的社会感。回避游戏和玩耍的孩子，总让人怀疑他们能否适应生活。这些孩子欣然避开所有游戏，当他们

1　谷鲁斯（Karl Groos，1861—1946），德国哲学家、心理学家，代表作有《动物的游戏》《人类的游戏》等。*

被强行拉到操场上时，往往会扫了其他孩子的兴。这种行为的主要原因是骄傲、自尊不足，以及随之而来的对扮演不好自己角色的恐惧。一般来说，通过观察孩子游戏的场景，我们就能准确地判断孩子的社会感程度。

游戏中另一个明显的因素是追求优越感的目标，这会在孩子想要成为指挥者和统治者的倾向中显露出来。我们可以通过观察孩子如何突显自己，以及他有多喜欢那些能让他有机会扮演主角的游戏，从而发现这种倾向。几乎所有的游戏都至少包含以下因素中的某一个：为生活做准备、社会感、追求支配地位。

然而，游戏中还有另一个因素，那就是孩子能否在游戏中表达自己。在游戏中，孩子或多或少都是在表现自己，而他与其他孩子的关系会激发他的表现。有很多游戏都特别强调这种创造性。在为未来职业做准备的过程中，那些能够锻炼孩子创造精神的游戏特别重要。在许多人的经历中都发生过这样的事情：他们在童年时给洋娃娃做衣服，后来便成为裁缝，为成年人做衣服。

游戏与心灵有着不可分割的联系。可以说这是一种职业，也必须被看成一种职业。因此，在孩子游戏时打扰他并不是一件小事。游戏绝不应该被认为是一种消磨时间的方式。就"为将来做准备"这个目标来说，每个孩子身上都有他将来会成为的那个成年人的某种特质。因此，在评价一个人的时候，如果我们了解了他的童年，就更容易得出结论。

专注和分心

专注力是心灵的特征之一，在人类的成就中至关重要。当我们用感觉器官去关注身外或身内的某个事件时，就会有一种特定的紧张感。这种紧张感并不会扩散到全身，而是局限于某个单一的感官，比如眼睛。我们会感到自己正在做某种准备。就眼睛而言，眼轴的定向给了我们这种特定的紧张感。

如果专注力唤起了我们心灵或运动组织中某个部分的紧张感，那么其他部分的紧张感同时就会被排除在外。因此，只要我们想要专注于某个事物，就会希望排除其他所有干扰。就心灵而言，专注意味着一种意愿的态度，愿意在我们自身和某个事实之间架起一座特殊的桥梁；意味着做好了"进攻"的准备，这种进攻或者出于我们的必需，或者出于某种不同寻常的情境，此情境要求我们将全部力量指向某个特定的目标。

除了病人和意志薄弱者，每个人都有专注的能力，但是不专注的人也很常见。其中有很多原因。首先，疲劳或疾病是影响专注力的重要因素。其次，有些个体专注力不够，是由于他们不愿意专注，因为他们应该专注的对象与其行为模式不相符；在考虑与其生活方式紧密相关的事情时，他们的专注力就会立刻被唤醒。缺乏专注力的另一个原因是对抗的倾向。孩子很容易产生对抗的倾向，这样的孩子常常对每一个刺激都回答说"不"。我们有必要将这种对抗释放出来。教育者有责任化解这些孩子的对抗，使他必须学习的东西与他的行为模式相联系，并使之贴近他的生活方式。

有些人能看到、听到和感知每一个变化。有些人完全用眼睛去探索生活，有些人则完全依靠听觉器官。另外还有一些人什么也看不见，什么也注意不到，可谓视而不见、充耳不闻。我们可能会发现，当一个人的处境应该能引起他的最大兴趣时，他却仍然无法专注，这是因为他较为敏感的感觉器官没有被激活。

唤醒人们专注力的最重要因素，是对这个世界真正根深蒂固的兴趣。兴趣所在的精神层面比专注力要深得多。如果我们有兴趣，那么不用说，我们自然就会专注。只要学生有兴趣，教育者就无须担心专注问题。兴趣成了一把万能钥匙，凭借兴趣，人们可以为了某一明确目标而征服某个知识领域。所有人在成长过程中都会犯错。当一个人有了这种错误的态度，专注力同样在劫难逃。于是，他的专注力就会指向一些不重要的事情，根本无益于为生活做准备。当一个人的兴趣指向自己的身体，或者指向个人的权力时，只要牵涉到这些兴趣，只要有什么东西需要争取，或者只要权力受到了威胁，他就会变得专注。

只要个人对权力的兴趣没有被新的兴趣所取代，他的专注力就永远不可能与无关的事物建立联系。我们可以观察到，当孩子在被认可和受重视方面受到质疑时，他们立刻就会变得专注起来。另一方面，当他们感到某些事情对他们来说"无关紧要"

时，他们的专注力就会立刻消散。

专注力的缺失，实际上意味着一个人想要从他应该专注的情境中撤离出来。因此，说一个人没有专注力是不正确的。我们很容易证明他有专注力，只不过专注于其他的事情。所谓的缺乏意志力和缺乏精力，与专注力缺失的情况类似。在这种情况下，我们常常会发现一种顽强的意志和不屈不挠的活力，在生活的另一个方面表现出来。要治疗成功并不容易，唯有改变患者的整个生活方式。无论在什么情况下，我们可以确定的是，之所以会出现专注力缺失，是因为患者在追求另一个目标。

专注力不足常常会成为一种永久的性格特征。我们经常会遇到这样的人：当他们被派去做某项自己不喜欢的工作时，要么半途而废，要么就完全逃避，结果他们总是给别人添麻烦。这种持续的漫不经心会成为一种固定的性格特征，一旦他们不得不去做某件被要求做的事情，这种性格特征就会显露出来。

过失和健忘

我们通常所说的"过失"是指，由于疏忽而没有采取必要的防范措施，从而使一个人的安全和健康受到威胁。过失这种现象表现出了最大程度的分心。这种专注力的缺失，根源在于对他人缺乏兴趣。通过观察孩子在游戏中过失的特征，我们可以确定这个孩子是只考虑自己，还是也会考虑其他人的权利。这一现象是衡量一个人社会意识和社会感的明确标准。如果一个人的社会感发展不足，他就很难对同伴产生足够的兴趣，哪怕会因此受到惩罚。然而，如果他的社会意识发展得很好，这种兴趣的发生就不言而喻了。

因此，过失就相当于社会感发展得不够充分。然而我们不能太过狭隘，以免忘了去调查，为什么一个人对他的同胞没有我们所期望的那种兴趣。

一个人若专注力受到限制，就会出现健忘，正如若不小心就会丢失贵重物品一样。尽管存在更大张力（即兴趣）的可能性，但这种兴趣可能会因为敌对态度而受到抑制，以至于出现记忆丢失或记忆差错，或者至少有可能如此。例如孩子弄丢了课本，就属于这种情况。我们很容易证明，这是由于他们还不习惯学校的环境。经常弄丢钥匙或将其放错地方的家庭主妇，往往都是对自己的这一角色不太满意。健忘的人通常不愿意公开反抗，但他们的健忘却暴露了自己——他们对手头的任务不感兴趣。

无意识

我们的描述经常表明，有些人意识不到自己心灵生活现象的意义。即使是一个专注的人，也很少能把自己所看到的说出个所以然。某些心灵功能并不存在于意识领域。我们可以有意识地集中自己的注意力，但对这种注意力的刺激并非来自意识，而是来自我们的兴趣，而这些兴趣也大多存在于无意识领域。从其最大的范围来看，无意识领域是心灵生活的一个重要方面，也是其中一个重要的因素。

我们可以在无意识领域寻找并发现一个人的行为模式。在这个人的意识生活中，我们得到的只是一种反映，就像一张有待专业处理的摄影底片。一个爱慕虚荣的女人，在大多数情况下对自己的虚荣并无察觉。相反，她的举止只会让每个人都看到她的谦逊。我们没有必要让一个虚荣的人知道自己虚荣。事实上，就这个女人的目的而言，让她知道自己虚荣是徒劳的，因为如果她知道了，她就不能继续虚荣下去了。

把注意力转移到无关紧要的事情上，使自己看不到任何与虚荣有关的东西，就会获得一种巨大的安全感。这整个过程都是暗中进行的。试图和一个虚荣的人谈论他的虚荣，你会发现这个话题很难谈下去。他很可能表现出逃避的倾向，会带你兜圈子，以免让自己徒增烦恼，而这只会使我们更加确信自己的判断。他想玩弄一些小把戏，当有人不经意地揭穿他的小把戏时，他马上就会采取防御的姿态。

人可以被分为两类：一类人对自己的无意识生活了解得较多，另一类人对自己的无意识生活了解得较少。也就是根据人们意识范围的大小进行分类。在很多情况下，我们会巧合地发现：第二类人专注于一个很小的活动范围；而第一类人的活动范围很广，他们对事件、人物和想法都有浓厚的兴趣。那些感觉自己被逼到绝境的人，自然会满足于生活的一个小截面，因为生活对他们而言是陌生的。他们不能像那些按规则玩游戏的人那样，清楚地看到生活的问题所在。在人生这场游戏中，他们会成为糟糕的队友。他们无法理解生活中美好的事物。由于对生活的兴趣有限，所以他们只能感知到生活中的一小部分。这是因为他们担心，更广阔的视野将意味着个人权力的丧失。

在个体生活经历方面，我们常常会发现，有的人对自己的生活技能一无所知，因为他低估了自己的价值。我们还会发现，他对自己的缺点也没有足够的认识。他可能认为自己是个好人，但实际上，他凡事都只顾自己的利益。或者相反，他认为自己是个利己主义者，但更仔细的分析表明，他其实是个非常好的人。你如何看待自己，别人如何看待你，其实并不那么重要。重要的是一个人对人类社会的整体态度，因为这决定了他所有的愿望、兴趣和活动。

我们下面还要探讨两类人。第一类人过着更有意识的生活，他们以客观的态度看待生活问题，不会被任何东西蒙蔽双眼。第二类人对生活的态度带有偏见，他们只看到生活的一小部分。这类人的言语和行为，往往以一种无意识的方式受到支配。两个这样的人生活在一起，往往会觉得困难重重，因为他们总是相互对立。这种事并非不同寻常，也许他们不对立才更罕见。他们都对自己的对手一无所知，都坚信自己才是正确的，并信誓旦旦地表明自己在捍卫和平与和谐。然而，事实与其所言并不相符。实际上，这类人没有哪句话不是在旁敲侧击地攻击自己的同伴，尽管这种攻击从外表上看并不明显。经过仔细观察我们就会发现，他的整个一生都陷于这种敌对和好战的态度。

人类自身有一种不断发挥作用的力量，但许多人并没有意识到。这些能力隐藏在无意识中，影响着他们的生活，有时还会在不经意间造成痛苦的后果。陀思妥耶夫斯基在他的小说《白痴》中，对这种情况做过精彩绝伦的描述，以至于令后来的心理学家都惊叹不已。在一次社交聚会上，一位夫人以嘲弄的口吻警告公爵（小说中的男主人公），不要把他身边那只昂贵的瓷器花瓶打翻了。公爵向她保证自己会小心的，但几分钟之后，花瓶就被摔得粉碎。在场的每个人都认为这不只是一场意外，他们都觉得这是必然会发生的，这相当符合公爵的整体性格，他觉得那位夫人的话侮辱了他。

在对一个人做出判断时，我们不能只看他有意识的行为和表现。在他的思想和行为中，有一些无意识的细节，往往能更好地揭示他的真实本性。

例如，有人经常做一些令人不愉快的动作，像咬指甲或挖鼻孔，他们并不知道这样做暴露了自己是个顽固的人，因为他们不了解这些习惯是怎么保留下来的。然而我们很清楚，任何一个孩子都一定会因为这些习惯而反复挨骂过，如果一个人即使挨骂也没有放弃坏习惯，那么他一定是个固执的人！如果我们擅长观察，通过观察这些看似无关紧要的细节（其中反映着个体的一切），往往能够得出非常深远的结论。

下面两个案例将向我们说明，保留在无意识中的事件对心灵健康是多么重要。人类心灵具有指导意识的能力，也就是说，有能力将对心灵运动来说必要的事物保留在意识中。反之亦然，它也有能力使某些事物停留在无意识中，或者使其不被觉察，只要这样做有助于维护个体的行为模式。

案例1

一名年轻男子是家中的长子，和妹妹一起长大。在他十岁时，母亲去世了。从那时起，父亲成了他们的教育者，他是一个非常聪明、善良且有道德的人。父亲努力培养儿子的抱负，激励他成就大业。这个男孩非常刻苦，在班上力争第一，他的成绩确实不错，在道德品质和科学素养方面总是名列前茅。这让父亲满心喜悦，从一开始，他就期望儿子能成为大人物。

随着时间的推移，这个年轻人也养成了一些让父亲伤心的特征，父亲竭力想改变这些特征。同时，男孩的妹妹也逐渐长大，成了他的顽固对手。妹妹也非常优秀，尽管她喜欢利用自己的柔弱来取胜，以牺牲哥哥来提升自己的重要性。她在家务方面相当能干，这使得哥哥很难与她竞争。作为一个男孩，他发现在家庭生活中，很难获得自己在其他领域可以轻易获得的认可和重视。

父亲很快注意到儿子在社交方面很古怪，随着青春期的到来，这种古怪变得更加明显。事实上，他几乎没有任何社交。他对所有新相识的人都怀有敌意，如果对方是女孩子，他就会一走了之。一开始，父亲没觉得这有什么不对劲，但随着时间的推移，这孩子的社交状况越来越糟。他几乎不出家门，甚至外出散步也会令他不快，除非是在黄昏之后。他变得如此自我封闭，最后甚至拒绝跟老朋友们打招呼，尽管他在学校的表现和对父亲的态度都无可非议。

后来，这种情况发展到没人能让他出门的地步，父亲就把他带到了医生那里。经过几次面询，我们发现了问题所在。这个男孩认为他的耳朵很小，因此大家会觉得他很丑。事实上情况并非如此。医生否认了他的这种说法，并告诉他，他的耳朵跟其他男孩没有任何不同，还向他解释，他是想以此为借口避免跟其他人接触。这时男孩又补充道，他的牙齿和头发也很丑。当然，这同样不是事实。

我们很容易发现这个男孩其实野心勃勃。他深知自己的野心，也知道是父亲培养了他的这种性格。父亲不断激励他要积极进取，这样才能在生活中高人一等。他对未来的最大期望就是，能够在科学领域扮演英雄角色。如果不是同时存在一种逃避同伴和友谊的倾向，这个愿望本身也无可厚非。这个男孩为什么会用如此幼稚的理由作借口呢？如果这些借口说得过去，那么男孩就有理由带着谨慎和焦虑的态度去生活，因为毫无疑问，一个丑陋的人在我们的文明中会遇到许多困难。

　　进一步的观察表明，这个男孩一直雄心勃勃地追求着一个特定的目标。以前他总是班上的第一名，他希望继续保持第一。为了达到这样一个目标，一个人必须具备专心致志、刻苦勤奋之类的特质。但这些对他来说还不够。他试图将一切不必要的东西都从自己的生活中剔除。他或许会这样说："既然我要出人头地，既然我要全身心地投入科学事业，就必须排除一切不必要的社会关系。"

　　但他既没这么说，也没这么想。相反，他说自己长相难看，利用这个无关紧要的借口来达到自己的目的。这件无关紧要的事在他的计划中变得重要，是因为这使他有理由去做自己真正想做的事情。现在他所需要做的就是鼓起勇气，假惺惺地为自己辩解，夸大自己的丑陋，以便追求那个隐秘的目标。如果他说自己希望像苦行僧那样生活，实现保持第一的目标，那么他的心思就路人皆知了。虽然在无意识层面，他献身于这个扮演英雄的想法，但在意识层面，他并不知道自己的这个目标。

他从来没有想过要孤注一掷，冒着失去一切的危险，来实现这个特定的目标。如果他公然决定赌上生命中的一切，以求成为一名科学英雄，他并不确定自己能否达到目标。但是，借口说自己长得丑，不敢与人交往，则要简单得多。此外，如果一个人公开说他想做第一名，做最伟大的人，并愿意为了实现目标而牺牲所有的人际关系，那么他在同伴的眼中会变得滑稽可笑。这是一个太过可怕的想法，一个人们不敢去想的想法。有一些想法是我们不敢公之于众的，这既是为了他人考虑，也是为了自己考虑。因此，指引这个男孩生活的那些想法，必须保留在他的无意识中。

如果现在向这个人指明他生活的主要动机，向他说明他因为害怕失去自己的行为模式，而不敢正视自己内心，我们就会扰乱他的整个心灵机制。这个人不惜一切代价想要预防的事情，就会真的发生！他无意识的思维过程就会变得清晰透明！那些他以前不敢想、不敢有的想法，那些一旦被意识到就会扰乱整个行为模式的倾向，就会赤裸裸地呈现在他面前。这是一个普遍而符合人性的现象：每个人都会抓住那些能为自己态度辩护的想法，而拒绝任何可能会阻止自己继续前进的想法。人类只会做那些在他们看来对自己有价值的事情。因此凡是有帮助的想法，就会保留在我们的意识中，任何会产生干扰的想法，则会被我们推入无意识中。

案例2

有一个非常聪明的小男孩，他的父亲是一名教师，不断地鞭策他成为班里的第一名。在这个案例中，这个男孩的早期生活同样也是充满一系列的成功。无论走到哪里，他都是征服者。他在自己的社交圈里是最有魅力的人之一，身边有很多好朋友。

但在他十八岁那年，情况发生了天翻地覆的变化。他失去了生活中所有的乐趣，心情沮丧，心烦意乱，竭力想脱离这个世界。每次刚交上朋友，转眼就会闹翻。每个人都能看出他的行为存在障碍。然而父亲却希望，这种自闭的生活能使他更专心地学习。

在治疗期间，这个男孩不停地抱怨，说父亲剥夺了他生活中所有的快乐。他既没有信心，也没有勇气继续生活，现在没什么事情可做，只有在孤独悲伤中度过余生。他在学习上的进步已经放缓，在大学里开始挂科。他解释说，自己生活的变化开始于一场社交聚会。当时，由于他对现代文学的无知，使他成为朋友们嘲笑的对象。类似的经历出现了好几次，这使得他开始孤立，并开始脱离社会。他坚持认为，所有的不幸都是父亲一手造成的，父子间的关系一天比一天糟。

这两个案例在许多方面都很相似。在第一个案例中，我们的患者由于与妹妹的竞争，而在生活的潮流中搁浅；而在第二个案例中，让患者搁浅的是他对有过错的父亲的敌对态度。这两名患者都受到我们所谓的"英雄理想"的引导。他们都沉醉于自己的英雄理想，失去了与生活的一切联系，变得灰心丧气，以至于想完全退出这场斗争。但我们相信，第二个男孩同样不会对自己说："既然我不能继续这种英雄般的生活，我将从生活中退出，在痛苦中度过余生！"

确实，他的父亲有错，他本人受的教育也很糟糕。但很明显，这个男孩的眼睛只注意到他所受的教育，不断地抱怨这种教育，因为他想为自己的退缩找一个正当理由。他认为自己所受的教育如此糟糕，从社会中退缩是解决问题的唯一方法。这样一来，他就不会再被置于失败之地，就可以把所有不幸都归咎于父亲。只有这样，他才能为自己挽回一点自尊，才能满足自己对出人头地的追求。他有一个光荣的过去，他未来的成功之所以受阻，关键是因为他的父亲，因为那糟糕的教育阻止了他取得更辉煌的成就。

在某种程度上我们可以说，他的脑海里一直无意识地保留着这样的想法："既然我现在站在了人生战场的前线，既然我意识到保持第一不再那么容易，我将尽一切努力从生活中完全撤出。"然而，这种想法显然是匪夷所思的。谁也不可能说出这样的话，但这个男孩可以这样行动，仿佛他已经把这种想法铭记于心。这需要通过进一步的论证来完成。通过指责父亲在教育上的错误，他成功地回避了社会，避开了生活中所有必要的决定。如果这些想法进入他的意识，他隐秘的行为模式必然会受到干扰。

因此，这些想法一直保留在无意识中。他有着如此辉煌的过去，谁能说他是一个没有才华的人呢？确实，如果他没有取得新的成功，现在谁也没法责怪他！毕竟，父亲的教育带来的有害影响是不容忽视的。这个儿子同时兼任了法官、原告和被告三种角色。难道他现在应该放弃这种有利的地位吗？他太清楚了，只要他这个儿子愿意，动一动手中握着的操纵杆，父亲就只能站在审判台上。

梦

长久以来人们一直认为，可以从一个人的梦中得出关于其整体人格的结论。与歌德同时代的利希滕贝格[1]曾说过，相比一个人的行动和言语，我们从他的梦中更能看出他的性格和本质。这种说法有点言过其实。我们的观点是：对于利用心灵生活中的某个单一现象，我们必须极其谨慎，最好将其与其他现象合

1　利希滕贝格（G. C. Lichtenberg, 1742—1799），德国思想家、作家，深受歌德推崇，著有《格言集》。*

而观之。因此，只有当我们从其他特征中找到额外的证据，可以支持我们对梦的解释时，才能从一个人的梦中得出关于其性格的结论。

对梦的解释，可以追溯到史前时代。对文化发展史上不同时期的研究，尤其是对神话和传奇的研究，使我们得出这样的结论：过去的人们比今天的我们更关注对梦的解释。我们还发现，就对梦的理解而言，那些古老时代的普通民众比当今的普通民众理解得更透彻。

我们只需回忆一下，梦在古希腊人生活中扮演的重要角色，或者西塞罗写的那本关于梦的书 [1]，或者《圣经》中记载的许多梦，就能证实这一点。当然还有更多的例子。《圣经》中的梦要么被巧妙地解释，要么被描述得好像不言自明，似乎每个人都能够正确地加以解释。约瑟告诉他的哥哥们那个关于麦捆的梦 [2]，就属于这种情况。在起源于另一种完全不同文化的尼伯龙根传奇 [3] 中，我们可以发现，梦会被用作证据。

如果我们忙于把梦作为一种接近和了解人类心灵的手段，那

1　指西塞罗在《论共和国》中描述的"西庇阿之梦"，西庇阿的祖父大西庇阿·阿非利加努斯在梦中告诫他，为国家做出贡献的人将在天堂享有永恒的幸福，缺乏正义的国家不会持久，不要为一时的荣光所迷惑。*

2　出自《旧约·创世记》，约瑟梦见跟哥哥们一起在田间干活，他捆的麦捆站着，而哥哥们捆的麦捆都向他的麦捆下拜。*

3　中世纪德国叙事史诗，大约创作于 12 世纪末，用高地德语写成，讲述了古代勃艮第国王的故事。*

么我们就和那些试图从梦和对梦的解释中寻求各种奇异影响的人一样，无法看出问题的真正所在。只有当我们的论断被其他深刻的观察所证实或强化时，我们才可以依赖梦所提供的证据。

相信梦对未来有特殊的意义，这种看法至今仍然存在。有些唯心论者甚至发展到让梦影响自己的地步。

我们有一位患者就是如此。

他自欺欺人地回避所有体面的职业，投入股票交易的赌博中。他总是根据自己所做的梦去赌博。他还收集了以往的证据来证明，只要他没有追随自己的梦，就会惨遭失败。确实，他梦见的全是自己清醒时全神贯注的事情。可以说，他就这样在梦中给自己打气，而且在相当长的一段时间里，他声称自己在梦的影响下赚了很多钱。过了一段时间之后，他又认为自己的梦没有任何价值。说这话时，他好像把自己的钱都赔光了。即便没有梦的影响，这种事也经常发生在炒股者身上，所以我们在这里看不到任何奇迹在起作用。

一个对某一特定任务有强烈兴趣的人，甚至在晚上也会迫切地想要解决这个问题。有些人根本不睡觉，一刻不停地思考自己的问题；有些人倒是会睡觉，但在梦里想着自己的计划。

这种在睡觉时还不停思考的奇特现象，只不过是一座连接昨天和明天的"桥梁"。如果我们知道一个人对生活的整体态度，知道他如何连接"此时"与"彼时"，那么我们一般也就能理解他梦中"桥梁结构"的特性，并由此得出有效的结论。换句话说，一个人对生活的整体态度是他所有梦的基础。

一位年轻女士做了这样一个梦：

她梦到丈夫忘了他们的结婚纪念日，她为此而责备他。这个梦可能有多种含义。如果这个问题真的出现了，这个梦便向我们表明，这段婚姻存在某些问题：妻子感觉自己被忽视了。然而妻子解释说，她也忘了这个结婚纪念日，但最终还是想了起来，而丈夫是在她提醒后才想起来的。她是那个"更好的一半"。经过进一步的询问我们得知，实际上这样的事以前从来没有发生过，丈夫一直都记得他们的结婚纪念日。

从这个梦中我们可以看出，她有杞人忧天的倾向：这样的事情可能会发生。我们还可以进一步得出结论：她喜欢责备别人，喜欢捕风捉影，喜欢为可能发生的事唠叨丈夫。

但是，如果没有其他证据为此提供佐证的话，我们对这个解释仍然没有十足的把握。在问及她最早的童年记忆时，这位女士讲述了一件她永远记得的事情。在她三岁的时候，姑妈送了她一把木勺，她常常引以为傲。但有一次，当她在玩这把木勺时，它掉进了小溪里，随着水流漂走了。她为这件事难过了许多天，以至于周围的人都对她深表关心。

所以，这个梦可以让我们假设，她现在又在考虑那种可能性了：她的婚姻可能会从她身边漂走。换句话说，如果丈夫真的忘了结婚纪念日，该怎么办呢？

还有一次，她梦到丈夫领着她爬一座高楼，楼梯越来越陡。想到自己可能爬得太高，她感觉头晕目眩。一阵焦虑袭来，然后她晕了过去。一个人在清醒时可能也有类似的感觉，尤其是站在高处往下看的时候。在这个时候，与其说害怕这个高度，不如说是害怕往下看时的深度。

通过把第二个梦和第一个梦联系起来、融为一体，这些梦中的想法、感受和内容就会给人一种清晰的印象：这位女士担心自己会摔下去，害怕自己会遭遇不幸或灾难。我们可以想象，丈夫对她的感情变淡或者类似的事情，就是一场灾难。如果丈夫在某些方面与她产生了不和谐，该怎么办？如果他们的婚姻生活受到了干扰，又该怎么办？他们可能会争吵，可能会打架，妻子可能会晕过去，就像死了一样。在他们的家庭争吵中，这种情况确实发生过一次！

现在，我们离这个梦的含义又近了一步。梦中的思想和情感内容，用什么材料来表达，或者用什么手段来表达，这些都是无关紧要的事。只要这些材料是有用的，只要内心的想法被表达了出来，就足够了。在梦中，一个人的生活问题往往是通过比喻来表达的。所以她好像在说："不要爬得太高，这样你就不会摔得太狠！"

我们不妨回忆一下歌德在《婚姻之歌》中描写的一个梦。一位骑士从乡下返回家中，发现他的城堡中空无一人。他疲惫地躺在床上，梦见几个小矮人从他床底下走出来，他发现这些小矮人正在举行婚礼。这个梦让他感到很开心。他似乎想证实自己心中要找一个女人的想法。他在小矮人身上看到的这一幕，后来真实地发生了——他举办了自己的婚礼。

我们在这个梦中发现了许多众所周知的元素。首先，其中隐藏了诗人歌德对自己婚姻的关注。我们可以进一步发现，在这个做梦者的迫切需求中，体现了他对当前生活处境的态度。这种处境要求他结婚。日有所思，夜有所梦，他在梦中仍想着婚姻的问题。第二天他下定决心：如果他也把婚结了，处境将会变得更好。

现在让我们来看一个二十八岁的男子所做的梦。这个梦的运动轨迹就像人发烧时温度升降的曲线一样，清楚地表明了这位男子生活中的心灵运动。我们很容易从中看出他的自卑感，这种自卑感引发了他对权力和支配地位的追求。这个梦境如下：

　　我和一大群人乘船旅行。我们必须在中途下船，因为我们乘坐的船太小了。而且，我们还必须在一个小镇上过夜。夜间传来消息说，我们的那条船正在下沉，所有参加旅行的人都要去用泵抽水，以阻止船下沉。我想起我的行李里有一些贵重物品，赶紧冲到船上，其他人已经拿水泵在干活了。我设法逃开了这份体力活，去寻找行李舱。我成功地从窗口钓到了我的背包，同时看到背包旁有一把我非常喜欢的小刀，便把这把小刀放进了背包里。这时船越来越往下沉，我和一个同伴跳了下去。我们跳到海里，然后游到了岸边。

　　由于码头太高了，我们只好沿着岸边往前走，最后来到一处陡峭的悬崖上，我必须从上面下去。我滑了下去。自从我离开船后，就再也没见过那个同伴。我滑得越来越快，生怕自己会摔死。最后我滑到了悬崖底，正好落在另一个同伴面前。我并不太认识这个年轻人，他参加过一场罢工，安静地站在罢工者中间，我很喜欢他。他用责备的语气跟我打招呼，好像他知道我把船上的其他人抛弃了。
"你在这儿干什么？"他问道。

我试图逃离这个深渊，但周围都是悬崖峭壁，几条绳索从顶上垂下来。我不敢用这些绳子，因为它们太细了。每次我试图爬出深渊，总是又滑回来。最后，我终于到了悬崖顶上，但我不知道自己是怎么上去的。我感觉好像是我故意漏掉了这部分梦境，好像我不耐烦地跳过了。在深渊的边缘（也就是顶上）有一条路，靠近深渊的那一侧被栅栏保护着。路上人来人往，友好地跟我打招呼。

当我们回顾这个做梦者的生活时，听到的第一件事就是：他在五岁之前大病不断，而且五岁之后也经常生病。由于他体弱多病，父母小心翼翼地看护着他。他和其他孩子接触很少。当他想和成年人交往时，父母总是告诉他，"大人说话，小孩子别插嘴"，还说小孩子不应该和大人在一起。

因此，他从小就失去了社交生活所必需的人际接触，只和父母保持着联系。这样做的进一步后果是，他总是落后同龄人一大截，而且怎么也追赶不上。我们还听说，他在同龄人中间被认为是最愚笨的，并很快成为被他们嘲笑的对象。这一点并不令人惊讶，而这种处境再次使他交不到朋友。

由于这些情况，他强烈的自卑感达到了顶峰。他的父亲心地善良但性情暴躁，对他采取军事化管理；他的母亲软弱、不理解人，而又非常专横。虽然父母一再重申他们的善意，但他所接受的教育非常严格。在这个过程中，他遇到了许许多多的挫折。有一件非常重要的事，一直留存在他的童年记忆中。

三岁那年，母亲让他在一堆豌豆上跪了半个小时。罚跪的原因是他不听话，而不听话的原因母亲很清楚，正如孩子告诉她的那样：他害怕路上的一个马夫，因此拒绝为母亲跑腿办事。

事实上，他很少挨打，但一旦挨打，往往是被父母用一条多须的鞭子狠狠抽打，而且被打之后还必须请求原谅，并说出挨打的原因。父亲说："孩子应该知道自己做错了什么事。"有一次，他无端地被打了一顿，然后说不出为什么挨打，于是又被打了一顿，直到他"承认"了一些罪行为止。

从孩提时代起，他就对父母怀有一种好战的态度。他的自卑感极其强烈，以至于他从未想过自己有出人头地的一天。他的学校生活和家庭生活一样，几乎都是一连串大大小小的挫败。在他看来，哪怕是最小的胜利他也得不到。在学校里，一直到十八岁，他总是别人嘲笑的对象。有一次，他甚至被老师嘲笑。老师向全班大声朗读一篇他写得很差的作文，一边读还一边奚落他。

　　所有这些事都迫使他越来越孤立，他迟早会主动退出这个世界。在与父母的斗争中，他偶然发现了一种非常有效但代价高昂的攻击方法，那就是拒绝说话。这样一来，他就松开了把自己与外部世界紧紧系在一起的重要纽带。既然不能和任何人说话，他就成了孤家寡人一个。即使被所有人误解，他也不跟任何人说话，尤其不跟父母说话。最后，就没有人跟他说话了。所有使他参加社交活动的尝试都以失败告终，而让他伤心的是，后来他所有建立恋爱关系的努力也都付诸东流。

　　这就是他二十八岁以前的人生经历。渗透在他整个心灵中深刻的自卑情结，使他产生了一种不合常理的野心，一种对重要性和优越感的不可遏制的追求。这种追求不断地扭曲着他对人类同胞的情感。他话说得越少，他的心灵生活中就越发充斥着各种胜利和成功的梦想。

　　就这样，有一天晚上，他做了前面说的那个梦。在那个梦里，我们清楚地看到了他的心灵生活发展所依据的行动和模式。在得出结论之前，让我们回顾一下西塞罗提到过的一个梦，那是文学史上最著名的预言梦之一。

　　古希腊诗人西摩尼得斯[1]有一次在街上发现了一具身份不明的尸体，他把这具尸体体面地下葬了。后来，在他准备海上航行之前，这个死者的鬼魂警告他说，如果他踏上这趟旅程，就会遭遇海难。于是西摩尼得斯没有去，而其他出海的人都遇难了。

　　据说，这个与梦有关的沉船事件，几百年来给每个闻者都留下了异乎寻常的深刻印象。

　　如果想解释这件事，我们必须先明白，在那个时代，船只失事是经常发生的事。也正因如此，许多人在出海之前都可能会梦到船只失事。在许多这样的梦中，这个特殊的梦呈现了梦境与现实之间的特殊巧合，而这个巧合如此引人注目，才使得这个梦能流传后世。可以想象，那些喜欢寻找神秘关系的人对这类故事有特别的爱好。然而，我们则要清醒和冷静地将这个梦解释如下：

　　我们的诗人可能对这趟旅行本就没有怀着什么强烈的愿望，因为他相当在意自己的身体健康。而随着做决定的时刻越来越近，他仍然很难为自己的犹豫不决找到一个正当理由。正因如此，他才让那具尸体扮演先知的角色，因为那具尸体需要对其得到体面下葬表达感激之情。这样一来，他不出海旅行就顺理成章了。

1　西摩尼得斯（Simonides，约前556—前468），生活在爱琴海凯奥斯岛的古希腊抒情诗人，作品包括酒神颂歌、胜利者颂歌、铭辞等多种体裁的诗歌。*

如果要搭乘的船只没有失事，世人可能永远不会知道这个梦或这个故事。因为我们通常只会体验到那些让自己的大脑感到不安的事情，这些事情向我们表明，在天地之间隐藏着许多我们做梦都想不到的智慧。只有在知道梦和现实中包含着一个人对生活的相同态度时，我们才能真正理解梦的预言性质。

我们必须考虑的另一件事是，并非所有的梦都是那么容易理解的。事实上，只有少数的梦容易被理解。梦给我们留下特殊的印象，但我们随后就将其遗忘，也不了解背后的意义，除非我们很擅长释梦。然而这些梦，也只是一个人的活动和行为模式的象征和隐喻的表达。这种象征或隐喻的主要意义在于，它为我们提供了解决问题的途径。如果我们全神贯注于解决某个问题，如果我们的人格指明了一个具体方向，那么我们就只需要找到一个动力，最后推自己一把。梦非常适合强化某种情绪，或者产生解决特定问题所需要的动力。

即使做梦者不明白其中的联系，也不会改变这一点。他以某种方式找到素材和动力，这就足够了。梦本身会说明做梦者的思维过程，就像它会揭示做梦者的行为模式一样。梦就像一缕烟，表明某处有火在燃烧。有经验的樵夫可以通过观察烟雾来判断是什么木头在燃烧，就像精神科医生可以通过分析一个人的梦得出关于其本性的结论一样。

综上所述，我们可以说，梦不仅表明做梦者正忙于解决他生活中的某个问题，而且表明了他是如何处理这些问题的。尤其要指出的是，影响做梦者与世界和现实之间关系的两个因素，即社会感和对权力的追求，将在做梦者的梦中表现出来。

才能

在使我们能够对一个人做出判断的心灵现象中，现在只剩下一项尚未考察，这个现象与人的智力有关。我们向来不太重视一个人对自己的评论和看法。我们相信，每个人都有可能误入歧途，每个人都会感到自己必须通过各种复杂的利己主义、道德或其他技巧，在同伴面前修饰自己的心灵形象。然而，有一件事是我们可以做的，那就是从个体特定的思维过程及其语言表达中得出某些结论，尽管这只在一定程度上是可行的。如果我们希望对个体做出正确的判断，就不能将思维和言语排除在我们的考察之外。

我们所谓的"才能"，指的是做出判断的特殊能力。这一直是无数观察、分析和测试的主题，其中对儿童和成人进行的智力测试广为人知。这些就是所谓的"智力测试"。到目前为止，这些测试都不够成功。无论对多少学生进行测试，结果通常都表明，老师无须测试也能轻易得出这些结论。一开始，实验心理学家们对这些测试非常自豪，尽管很明显，这些测试在某种程度上是多余的。

我们反对智力测试的另一个理由是，孩子的思维判断过程与能力的发展并非循规蹈矩，所以许多在测试中表现不佳的孩子，数年后可能突然表现出异常良好的发展和才能。还有一个必须考虑的因素是，大城市里的孩子和来自某些社会圈子的孩子，由于生活面相对更为广阔，所以为这些测试做了更好的准备。他们表面上更高的智力带有欺骗性，并使其他缺乏这种准备的孩子处在阴影之下。众所周知，来自富人家的八至十岁的孩子，比穷人家的同龄孩子要聪明得多。这并不意味着富人家的孩子更有天赋，造成这种差异的原因只在于他们此前的生活环境。

　　到目前为止，我们在智能测试方面并没有取得很大成功。这一点可以清楚地从一个令人遗憾的结果中看出来。在柏林和汉堡两个城市，那些在测试中表现良好的孩子中后来却有很大一部分学习成绩不佳。这一现象似乎证明，孩子智力测试的好结果并不能确保他们未来的健康发展。

　　另一方面，个体心理学中的实验更能经受住考验，因为它们并非用来确定某个特定的发展程度，而是被设计用来进一步理解这一发展中潜藏的积极因素。在必要的时候，这些研究结果还会教给孩子适当的纠正方法。个体心理学的原则是：永远不要把孩子的思维和判断能力从他的心灵生活中分离出来，而是将其与其他的心理过程联系起来看待。

7

两性之间

两性差异和劳动分工

从前面的考察中我们已经了解到，有两种大的倾向支配着所有的心灵现象。这两种倾向——社会感和个体对权力的追求——影响着人类所有的活动，支配着每个人的态度，使他以不同的方式追求安全感，并应对人生三大挑战——爱、工作和社交。如果我们想理解人类的心灵，在对心灵现象做出判断时，就必须习惯于研究这两种倾向之间量的关系和质的关系。这两种倾向之间的关系，决定了一个人能在多大程度上理解社会生活的逻辑，并由此决定了他在多大程度上服从由于社会生活需要而产生的劳动分工。

劳动分工是维持人类社会运转一个不可忽视的因素。每个人在某时或者某地都必须尽自己的一份职责。如果一个人不能尽自己的职责，否认社会生活的价值，他就是一个反社会的存在，放弃了与人类同胞间的关系。这种情况的简单例子，就是我们所说的那些利己主义者、捣蛋鬼、自我中心者和讨厌鬼。更复杂一点的例子，就是我们看到的那些怪人、流浪汉和罪犯。人们对这些性格特征的谴责，往往源于对其本源的理解，源于一种直观的判断：它们与社会生活的要求格格不入。

因此，一个人的价值取决于他对待别人的态度，取决于他在多大程度上参与社会生活所要求的劳动分工。一个人对这种社会生活的肯定，使他对别人而言变得重要，使他成为社会大链条中的一环。这根链条一旦被打破，人类社会就会被扰乱。一个人的能力决定了他在整个人类社会生产中的位置。这条简单的真理之上笼罩着太多的迷雾，因为对权力的追求和对优越感的渴望，使得错误的价值观被引入正常的社会分工中。这种对优越感的追求扰乱并阻碍了整个社会的生产，并为我们提供了判断人类价值的错误基础。

由于拒绝适应自己被分配的位置，个体扰乱了这种劳动分工。而且，有些个体为了自己的私利而阻碍社会生活和社会工作，这些人的野心和权力欲望也增加了分工的难度。同样，社会中的阶级差别也导致了许多纠纷。个人权力或经济利益也影响着劳动分工，较好的位置被留给特定阶层的个体，即那些更有权力的人，而其他阶层的人们则被排除在外。对社会结构中诸多因素的认识，使我们能够理解为什么劳动分工一直无法顺利进行。不断干扰这种分工的因素，使某些人拥有了特权，另一些人则被奴役。

人类的两性差异决定了另一种劳动分工。女性由于体质的原因，被排除在某些活动之外，而另一方面，也有些工作没有分配给男性，因为他们更适合做其他工作。这种劳动分工应该建立在完全不带偏见的标准之上。所有争取女性解放的运动，只要没有在激烈的冲突中丧失理性，基本上都接受了这种分工。

劳动分工绝不是要剥夺女人的本性，也不是要扰乱男人和女人的自然关系。每个人都需要获得最适合自己的劳动机会。在人类发展的过程中，这种劳动分工逐渐稳定成形，女性承担了这个世界上的一部分工作（否则这些工作也需要男性来承担），作为回报，男性能够用自己的力量发挥更大的作用。只要工作的能力没有被误用，只要体力和脑力没有被扭曲而导致不良后果，我们就不能说这种劳动分工毫无意义。

男性在当今文化中的支配地位

由于文化朝着个人权力的方向发展，尤其是通过某些个体和社会阶层的努力（他们希望为自己争取特权），这种劳动分工已经落入扭曲的轨道，影响着我们的整个文明。其结果是，男性在当今文化中的重要性得到极大的强化。劳动分工使男性这个特权群体在某些利益上得到了保证，这也是他们在劳动分工中支配女性的结果。这样一来，处于支配地位的男性就占据了优势，并操纵着女性的活动，从而使令人惬意的生活方式永远属于男性，而那些分配给女性的活动，他们可以随心所欲地回避。

就目前的情况来看，男性不断努力想要支配女性，而女性则对男性的支配表现出不满。既然两性之间的联系如此紧密，我们很容易想象，这种持续的紧张会导致心理上的不和谐和严重的身体障碍。这必然会给两性都带来极大的痛苦。

所有的制度、传统观念、法律、道德和习俗都证明了这样一个事实，即它们都是享有特权的男性为了自身统治的荣耀而确立并维持的。这些习俗制度的触角已经伸到了幼儿园，对孩子们的心灵产生了深远的影响。孩子并不需要对这些关系有多么深刻的理解，但我们必须承认，孩子的情感生活受到了极大影响。对这些态度应该加以研究，例如，当一个男孩被要求穿上女孩的衣服时，他做出的反应是大发脾气。一旦让男孩对权力的渴望达到一定程度，你就会发现他对男性特权表现出偏好，他认识到，这些特权保证了他在任何地方都享有优势。

我们已经提到，如今的家庭教育过于重视对权力的追求。随之而来的便是维护和夸大男性特权的倾向，因为父亲通常是家庭权力的象征。比起母亲无处不在的陪伴，父亲神秘的行踪更能引起孩子的兴趣。孩子很快就意识到父亲扮演的重要角色，注意到他如何设定生活节奏，安排家庭事务，走到哪里都是领导者的角色。他看到，家里所有人都服从父亲的命令，他还看到，母亲也向父亲征求意见。从各个角度看，父亲似乎都是强大有力的一方。对有些孩子来说，父亲就是他们的标杆，他们相信，父亲所说的一切都是神圣的。在证明自己观点的正确性时，他们会说父亲曾这样说过。即使有时父亲的影响似乎不那么明显，孩子也会意识到父亲的支配地位，因为整个家庭的重担都落在父亲身上。而事实上，正是劳动分工使父亲可以在家庭中更好地发挥力量。

就男性支配地位的起源而言，我们必须提醒大家注意这一事实，即这种现象并不是自然产生的。为了保证男性的支配权，诞生了无数的法律条文，就清楚表明了这一点。同时这也表明，在这些法律条文诞生之前，一定还存在过男性特权不甚明确的时期。历史证明，在母系氏族时期情况确实如此。在该时期，母亲（也就是女性）在生活中扮演着重要的角色，尤其是对孩子而言。在那时，氏族中的每个男人都必须尊重母亲至高无上的地位。在某些风俗和习惯用语中，至今仍能看到这一古老制度的影响。比如，将陌生男子介绍给孩子的时候，往往称呼他们"舅舅"或"表哥"。

从母系氏族到男性主宰的过渡，一定经历了一场恶战。那些相信自身特权和优势与生俱来的男性，得知男人并不是从一开始就拥有这些特权，而是经过了艰苦的斗争，一定会惊讶万分。在男性取得胜利的同时，带来的是女性的屈服。这一点在法律条文的发展中清晰可见，后者见证了这个漫长的屈服过程。

男性的支配地位并非与生俱来，有证据表明，这主要是原始部落之间不断争斗的结果。在不断厮杀的过程中，男人作为战士扮演了更重要的角色，并最终利用新获得的优势来维护自己的领导地位，达到其个人目的。与这一现象同时出现的是财产权和继承权的确立，这构成了男性支配地位的基础。最终，男性成了财产的继承者和所有者。

然而，孩子们并不需要专门阅读这一主题的书籍。尽管孩子对这些历史资料一无所知，他仍然会感觉到，男性是家庭中享有特权的成员。即使颇有见识的父母为了追求更大程度的平等，有意忽略我们从古老年代继承下来的特权，孩子还是能感觉到这一点。我们很难使孩子明白，承担家务的母亲与父亲具有同等的重要性。

想象一下，一个小男孩从小就见识到无处不在的男性特权，这对他来说意味着什么？从出生那天起，他就比女孩子更受欢迎。父母更愿意生男孩，这是众所周知并经常发生的事情。男孩无时无刻不感觉到，作为父亲的接班人，他拥有更多的特权和更大的社会价值。别人随口说的或者他偶然听到的，都在不断提醒他注意这个事实：男性角色更为重要。

另一个让他看到男性支配地位的现象是，家里雇用的仆人多为女性，且从事着卑贱的工作。在他周围的环境中，女性根本就不相信自己与男性是平等的，这一事实最终强化了他的感受。所有的女性在结婚之前，都应该对未来的丈夫提出一个最重要的问题："你对男性的支配地位，尤其是在家庭生活中的支配地位持什么态度？"但这个问题通常得不到回答。我们发现，有些女性表现出对平等的追求，有些女性则表现出不同程度的顺从。相比之下，我们看到，男性从小就坚信自己有更重要的角色要承担。他将这种信念解释为一种隐含的责任，从而在生活和社会中，只对那些有利于发挥男性特权的挑战做出反应。

　　孩子们会体验到这种关系中出现的每一种情形。他从中得到大量关于女性状况的画面，在这些画面中，女性大多数时候都扮演着可悲的角色。这样一来，男孩的成长过程就会带上明显的男性色彩。他会认为，在追求权力的过程中，有价值的目标只能是男性特质和男子气概。从这些权力关系中产生的典型的男性美德，清晰地揭示出自身的起源。

　　某些性格特征被认为是男性的，而另一些被认为是女性的，尽管这些评价并没有什么依据。即使我们比较男孩和女孩的心理状态，似乎找到了支持这一划分的证据，但我们并不是在处理自然现象，而是在描述一些个体的表现。这些个体被导向某个特定的轨道，他们的生活方式和行为模式被特定的权力概念所限制。这些权力概念以一种强迫之力向人们指出，他们必须往哪个方向发展。

我们没有理由区分"男性"和"女性"的性格特征。我们将看到，这两种性格特征都能够被用于实现对权力的追求。换句话说，一个人也可以用所谓的"女性"特征来表现权力，比如顺从和谦恭。顺从的孩子所占据的优势，有时比不顺从的孩子更为明显，尽管这两种情况下都存在对权力的追求。由于对权力的追求表现形式极其复杂，所以我们对心灵生活的洞察变得更加困难。

随着男孩渐渐长大，他的男子气概成了一种重要的职责；他的野心、对权力和优越感的追求，都无可争辩地与他成为男子汉的职责紧密联系在一起。对许多渴望权力的孩子来说，仅仅意识到自己是男性是不够的，他们还必须证明自己是男人，因此必须享有特权。为了实现这个目标，一方面，他们努力超越别人，并以此衡量自己的男性特征；另一方面，他们可能会通过对身边所有的女性发号施令来取得成功。根据他们所遇到抵抗的激烈程度，这些男孩要么变得顽固粗俗，要么变得诡计多端，以达到他们的目的。

既然每个人都以"享有特权的男性"这一标准来接受评价，那么我们在男孩面前高举这个标准也就不足为奇了。最终，他会根据这个标准来衡量自己，观察并询问自己是否"是个男子汉"，自己的行动是否足够"男性化"。如今，我们所谓的"男子气概"已经成为一种常识。但实际上，这不过是一种纯粹的自我中心，一种满足自恋的东西，一种超越和支配他人的感觉。这一切都是凭借一些看似"积极"的性格特征来实现的，比如勇气、力量、责任、赢得各种胜利（尤其是对女性的胜利），获得地位、荣誉和头衔，以及希望自己变得冷酷以对抗所谓的"女性"倾向，等等。为了赢得个人的优越感，人们进行着持续的争斗，因为拥有支配权被视为一种男性美德。

通过这种方式，每个男孩都会培养出他在成年男性身上看到的性格特征，尤其是在自己父亲身上看到的性格特征。我们可以在整个社会最为多样化的表现中，见识到这种人为助长的夸大妄想的后果。在很小的时候，一个男孩就被敦促着要为自己争取权力和特权。这就是所谓的"男子气概"。在糟糕的情况下，这种气概会堕落为众所周知的粗鲁和野蛮。

在这种情况下，做一个男人的好处是非常诱人的。因此，当我们看到许多女孩追求男子气概的理想时，无论是将其当作可望而不可即的愿望，还是当作评判自己行为的标准，我们都不必感到惊讶。这种理想可以表现为行为举止的一种模式。在我们的文化中，似乎每个女人都想成为男人！我们发现这类女孩有一种按捺不住的欲望，想要在更适合男孩子的游戏或活动中脱颖而出。她们爬树上墙，宁愿跟男孩玩而不跟女孩玩，并避免一切"女性化"的活动——认为这是一件令人羞耻的事。只有在男性化的活动中，她们才能感到满足。当我们认识到，追求优越感更多地与我们赋予活动的意义有关，而不是与活动本身有关时，就可以理解这些偏好男子气概的现象了。

所谓的"女性低劣"

男人习惯性地为自己的支配地位辩护，不仅声称这种地位是理所当然的，而且认为这是因为"女性低劣"造成的。这种观念传播甚广，以至于似乎成了所有民族的共识。与这种偏见相联系的是男性的某种不安，这种不安很可能来源于对抗母系氏族的时代，在那时，女人确实经常让男人焦虑不安。

我们在文学和历史中经常能看到这种迹象。一位拉丁作家曾写道："女人使男人感到迷惑。"在神学中，人们经常讨论"女人是否有灵魂"这类问题。在学术论文中，竟然有人研究女人是不是真正的人类。长达一个世纪的迫害和焚烧女巫事件，就见证了那个被人遗忘的时代里，关于这个问题所存在的错误，以及巨大的不确定性和困惑。

女人经常被视为万恶之源，正如《圣经》中的"原罪"概念或荷马史诗《伊利亚特》中所描述的那样。海伦的故事表明，一个女人可以使整个民族陷入不幸。在各个时代的传说和神话故事中，都包含着对女人道德低下的描述，以及她们的邪恶、虚伪、背叛和变化无常。"女人的愚蠢"甚至在法律案件中被用作证据。与这些偏见相一致的，是对女性能力、勤奋和才能的贬低。在所有民俗和文学作品中，都充斥着贬损女性的修辞、轶事、格言和笑话。人们总是指责女性恶毒、小气、愚蠢等。

为了证明女人的低劣，男人们有时会变得尖酸刻薄。像斯特林堡[1]、莫比乌斯[2]、叔本华和魏宁格[3]等人，就是这样的男性。这些男性的数量还因为许多女性的存在而不断增加，她们的顺从使人相信女性确实低人一等。不用说，这些人都是女性顺从角色的拥护者。对女性和女性劳动的贬低，还表现在以下事实中：无论男女的工作是否具有同等价值，女性的薪酬总是低于男性。

在比较智力和才能的测试结果时，我们确实发现，在某些特定的学科（如数学）上，男孩会表现出更多的天赋，而在其他学科（如语言）上，女孩则显得更有天分。在为传统的男性职业而接受训练时，男孩当然会比女孩表现出更强的天赋，这只是一种表面上的天赋。如果更深入地研究这些女孩的情况，我们就会发现，"女性无能"的说法明显是无稽之谈。

1　斯特林堡（A. Strindberg, 1849—1912），瑞典作家，瑞典现代文学的奠基人，世界现代戏剧之父。*

2　莫比乌斯（A. F. Möbius, 1790—1868），德国数学家、天文学家，发现了三维欧几里得空间中一种奇特的二维单面环状结构，后人称为"莫比乌斯带"。*

3　魏宁格（O. Weininger, 1880—1903），奥地利哲学家，代表作为《性与性格》。*

女孩们每天都会听到这样的言论：女性的能力不如男性，只适合做一些无关紧要的事。因此，一个女孩会深信女人的命运悲苦且不可改变，而且由于童年缺乏训练，她迟早会相信自己的无能。在这样沮丧的情况下，即使女孩有机会从事"男性化"的职业，她也会带着先入为主的结论，觉得自己对此没有足够的兴趣。即使她有这样的兴趣，也会很快消失不见。就这样，外在和内在的准备都被她自己否定了。

在这种情况下，关于"女性无能"的证据似乎非常充足。之所以这样说，主要有两个原因。第一，我们经常从纯粹的功利或自私的角度，对一个人的价值进行判断，这个事实加剧了我们的谬见。有了这样的偏见，我们就很难理解一个人的表现和能力在多大程度上与其心理发展相吻合。这就将我们引向了第二个原因，"女性无能"的谬见也许就源于此。一个经常被忽视的事实是，一个女孩自从来到这个世界上，她的耳边就充斥着对女性的偏见，这种偏见只是为了剥夺她对自己价值的信念，粉碎她的自信，摧毁她想做点有价值的事的希望。

如果这种偏见不断被强化，如果一个女孩不断地看到女性卑躬屈膝的样子，那么不难理解，她将会失去勇气，不能面对自己的职责，不去解决生活中的问题。然后，她就真的变得没有能力、没有用了！但如果我们在对待一个人时，损害他在社交中的自尊，使他放弃取得任何成就的希望，灭掉他的勇气，然后发现他真的一事无成，那么我们就无法坚持自己的看法是对的。因为必须承认，正是我们造成了他所有的痛苦！

在我们的文明中，一个女孩很容易失去勇气和自信。然而，某些智力测试证明了一个耐人寻味的事实：一组年龄在十四岁至十八岁的女孩，表现出了比其他各组人员（包括男孩）更大的才能。进一步的研究表明，在这些女孩的家庭中，她们的母亲要么是家里唯一的经济支柱，要么至少对家庭有很大的贡献。这意味着，在这些女孩所处的家庭环境中，"女性能力低下"的偏见要么完全不存在，要么程度非常轻微。她们可以亲眼看到母亲的勤奋如何得到了回报，因此她们可以更自由、更独立地发展自己，那些与"女性无能"的观念紧密相关的压抑因素完全没有影响到她们。

可以进一步反驳这种偏见的论据是：有大量女性在各种各样的领域取得了成就，尤其是在文学、艺术、工艺和医学等领域，她们成就非凡，完全可以和这些领域中的男性相媲美。此外，却还有许许多多的男性不仅没有任何成就，而且能力非常欠缺。我们可以很容易找到同样多的证据（当然也是谬误），证明男性是一种次等的性别。

"女性低劣"的偏见带来的一个严重后果就是，人们根据一种预设，对各种概念进行划分和归类："男性"就意味着有价值、强大、成功、有能力，而"女性"则等同于顺从、卑贱和从属。这种思维方式在人类的思维过程中根深蒂固，以至于在我们的文明中，所有值得赞美的东西都带着一种"男性化"色彩，而所有不那么有价值或实际上被贬低的东西都被定性为"女性化"。我们都知道，对男人的最大侮辱莫过于说他们"像个女人"，反之，当我们说一个女孩"像个男人"，却不一定意味着侮辱。在谈到女性时，人们的语调总是贬低的，让人觉得一切与女性有关的东西都显得低劣。

更仔细地观察我们就会发现，那些似乎能证明"女性低劣"这一谬见的性格特征，不过是女性心理发展受抑制的一种表现。我们并不认为每个孩子都能被培养成所谓"有天赋"的人，但我们总能把一个孩子变成"没有天赋"的成年人。幸运的是，我们并没有这样去做。但我们知道，有些人在这方面做得太成功了。在我们这个时代，女孩比男孩更容易遭遇这种命运，这很容易理解。此外，我们经常会看到一些"没有天赋"的孩子突然表现出惊人的才能，简直可以说是个奇迹！

逃离女性身份

男性明显的优势对女性的心灵发展造成了严重干扰，其结果是女人对自己的女性身份几乎普遍感到不满。女性的心灵生活与那些因为自己的处境而感到强烈自卑的人，有着相同的运动轨迹，受制于相同的运动规则。所谓"女性低劣"的偏见，使事态变得更加严重。即便有相当多的女孩找到了某种补偿，消除了一些偏见，她们也会将此归功于自己性格的发展和智力，有时还会归功于自己获得的某些特权。这表明，一个错误可以引起另一个错误。这些特权可能是特殊豁免、免除义务和享受奢侈，这给人一种优势的假象，因为它们假装出非常尊重女性的样子。其中可能包含一定程度的理想主义，但这种理想主义最终只是男性为了自己的利益而塑造的。法国女作家乔治·桑曾一针见血地对此做过描述："女人的美德是男人的精心发明。"

一般来说，在反抗女性角色的斗争中，我们可以区分出两类女性。一类是前面已经指出的，朝着积极的"男性化"方向发展的女孩。她们精力充沛，雄心勃勃，不断地为了生活中值得追求的东西而奋斗。她们试图超越自己的兄弟和男性同胞，选择那些通常被视为男性特权的活动，喜欢体育运动以及类似的事情。她们常常逃避所有的恋爱关系和婚姻关系。如果进入一段婚姻，她们可能会因为努力超越丈夫而破坏婚姻和谐！她们可能会对所有的家务活都极其反感。她们可能会直接表达自己的厌恶，或者否认自己有做家务的天分，并不断地拿出证据，试图证明自己确实没有这方面的才能。

这类女性试图做出"男性化"的反应，以此来补偿男性态度给她们带来的不幸。这种对女性气质的防御，是她们整个存在的基础。她们被称为"假小子""男人婆"，诸如此类。然而，这些称谓却基于一个错误的概念。许多人都认为，这样的女孩身上存在一定的先天因素，某种"男性化"的物质或分泌物使她们表现出"男子气概"。然而，整个人类文明史告诉我们，施加在女性身上的压力以及她们必须忍受的压制，不是任何人都能承受的——压迫总会引起反抗。如果这种反抗现在表现为我们所谓的"男子气概"，那么原因很简单，因为世上只有两种性别。

一个人只能按照两种模式来定位自己：要么做一个理想的女人，要么做一个理想的男人。因此，对女性角色的背弃只能以"男子气概"表现出来，反之亦然。这并不是某种神秘分泌物的结果，而是因为在特定的时间和空间里，不存在其他的可能性。我们绝不能忽视女孩心理发展所面临的困难。只要我们无法保证每个女性和男性之间的绝对平等，我们就不能要求她与生活、与我们文明中的现实以及与社会生活的方式保持一致。

第二类女性终其一生都持一种听天由命的态度，表现出一种令人难以置信的适应、顺从和谦逊。她似乎能适应任何地方，到哪儿都能生根，但同时却表现得极其笨拙和无助，以至于什么事也干不成！她可能会产生神经症的症状，这使她显得柔弱，需要他人照顾；她还想借此表明，她所受的训练、她荒废的生活常常伴着神经症，使她完全不适应社会生活。她是世界上最好的人，但不幸的是，她生病了，无法令人满意地迎接生存的挑战。她永远不能让周围人都满意。她的顺从、谦卑和自我压抑，同样建立在反抗的基础之上，正如第一种类型中的姐妹一样，这种反抗清楚地表明："这不是我想要的生活！"

还有第三类女性，她并不反抗自己的女性角色，但内心却有一种痛苦的意识，即认为自己注定是一种低等的存在，注定在生活中扮演从属的角色。她完全相信女人是低人一等的，正如她相信，只有男人才应该去做生活中有价值的事情。因此，她认可男性的特权地位。就这样，她加入了赞美男人的合唱团中，称赞他们是实干家、成功者，并要求给予他们特殊地位。她清楚地表现出自己的柔弱，仿佛想让别人也承认这一点，并由此得到额外的支持。但这种态度只是一场长期酝酿的反抗的开端。为了报复，她会用一句漫不经心的口号，将婚姻中所有的责任都推到丈夫身上，她会说："这些事情只有男人才能做到！"

虽然女性被认为是低人一等的，但教育孩子的任务主要还是落在她们肩上。现在，让我们就这一项最重要、最艰难的任务，对这三种类型的女性做一个描述。在这个时候，我们可以更清楚地区分这三类女性。第一种类型的女性即"男性化"的女人，会对孩子比较专横，喜欢惩罚孩子，对孩子施加巨大的压力，而这些孩子当然会极力回避。如果说这种教育能产生什么效果的话，最好的结果可能就是一种没有意义的军事训练。孩子通常会认为，这类母亲是糟糕的教育者。她们的大喊大叫、大惊小怪不但没有什么效果，还会产生一种危险：女孩被怂恿去模仿她们，而男孩终其一生都处在惊吓中。在那些受这类母亲支配的男人中，我们会发现，有些人尽可能地回避女人，就好像他们已经受够了这种痛苦，无法再相信任何女人。由此导致的结果是两性之间的隔离和疏远，我们很容易理解其中的异常，尽管有些研究者仍然说这是"男性元素和女性元素的分配问题"。

其他两类女性作为教育者同样也是徒劳无功的。她们可能会极度自我怀疑，以至于孩子很快会发现她们缺乏自信，并且不再理会她们。在这种情况下，母亲会继续努力，唠叨和责骂，并威胁要告诉父亲。她求助于男性家长的事实再次背叛了她，显示出她对自己的教育技巧缺乏信心。她在教育问题上逃离前线、放弃职责，仿佛就是为了证明自己的观点是正确的，即只有男人才能教育孩子，因此男人是责无旁贷的！这样的女性可能干脆不做任何教育工作，毫无愧疚地把教育孩子的责任推给丈夫和家庭教师，因为她们觉得自己无法取得任何成功。

对女性角色的不满，在某些人身上表现得更为明显，这些女性因为一些所谓"更高级"的理由而逃避生活。修女或其他因某种职业的要求而必须独身的女性，就是很好的例子。这种态度清楚地表明，她们与自己的女性角色没有达成和解。同样，许多女孩很早就开始工作，因为这种与职业有关的独立，对她们来说似乎是一种保护，保护她们免受婚姻的威胁。在这种情况下，这样做的动力仍然是不愿意承担女性的角色。

如果一个女孩进入婚姻状态，是不是就可以认为她自愿承担了女性的角色呢？我们了解到，结婚并不一定意味着一个女孩与她的女性角色达成了和解。下面这个三十六岁的女人就是一个典型的例子。

她向医生抱怨，说自己有各种神经症的症状。她在家中排行老大，父亲已经上了年纪，母亲则个性霸道。她的母亲年轻漂亮，却嫁给了一个老头，这个事实使我们猜想，在他们的婚姻中，母亲对女性角色有一定的厌恶。她父母的婚姻并不幸福。母亲叫嚷着要当家做主，不惜一切代价实现自己的意愿，而不管别人喜不喜欢。老父亲经常被逼到无路可退。这个女儿说，她的母亲甚至不让父亲躺在沙发上休息。母亲的一切活动都在维持她认为值得实行的"家规"。对这个家庭来说，这些规矩就是绝对的法律。

这位患者逐渐长成了一个非常能干的孩子，父亲对她宠爱有加。另一方面，母亲却对她从不满意，总是与她为敌。后来，随着母亲更加疼爱的男孩的出生，母女之间的关系就变得令人无法忍受了。小女孩意识到父亲是支持她的，无论父亲在其他事情上多么谦恭和退让，当女儿的利益受到威胁时，他总能挺身而出。因此，她开始发自内心地痛恨母亲。

在这场激烈的冲突中，母亲的洁癖成了女儿攻击的矛头所在。母亲的洁癖已经到了吹毛求疵的地步，甚至连女仆碰了门把手之后都必须再擦一遍。这个小女孩却故意穿得又脏又破，在家里到处乱跑，一有机会就把家里弄得又脏又乱，并从中获得了一种特别的快感。她所发展出的性格特征与母亲的期望恰好相反。

这一事实清楚地表明，性格并非来自遗传。如果一个孩子桀骜不驯，只发展出那些会把母亲气得要死的性格特征，那么在这些性格背后，必然包含了一个有意或无意的计划。这对母女之间的仇恨一直持续到今天，我们很难见到比这更激烈的冲突了。

这个女孩八岁的时候，家里的情况是这样的：

父亲永远站在女儿这一边，母亲则板着一张脸在家里走来走去，说一些刻薄的话，强制执行她的"统治法则"，并训斥女儿。这个女孩怨气日渐加深并变得好斗，喜欢用绝妙的讽刺来破坏母亲的行动。另一个使情况变得更复杂的因素，是她弟弟所患的心脏瓣膜病。弟弟是母亲最喜欢的孩子，一直倍受宠爱，他的疾病使母亲对他的关心到了无以复加的地步。我们可以看到，这两位家长对待孩子的态度总是对立的。这个小女孩就是在这样的环境中长大的。

后来，她患了一种神经性疾病，谁也无法解释原因。她的症状在于，她被自己针对母亲的邪恶念头所折磨，觉得自己的所有行动都受到了阻碍。最后，她突然深深迷上了宗教，但这并没有让她好过一点。过了一段时间，这些邪恶的念头消失了。这要归功于一些药物或者其他什么东西，不过更有可能是因为她母亲被迫转攻为守了。但她仍然有残留的症状，那就是特别害怕打雷和闪电。

这个小女孩相信，之所以会出现打雷和闪电，是因为自己道德败坏，总有一天会被雷劈死，因为她有如此邪恶的念头。我们可以看出，这个小女孩试图从自己对母亲的仇恨中解脱出来。就这样，这个小女孩继续成长，光明的未来似乎在向她招手。一位老师对她的评语是："这个小女孩可以做到任何她想做的事！"这句话对她产生了很大的影响。这句话本身并不重要，但对这个女孩来说，这句话意味着："只要我想到，我就能做到。"有了这种意识之后，她与母亲之间的对抗变得更激烈了。

　　青春期到来，她出落成一位美丽动人的少女。到了谈婚论嫁的年龄，身边出现了许多追求者。然而，由于她说话尖酸刻薄，所有恋爱的机会都被破坏了。她觉得只有一个男人吸引了她，那是一个住在附近的上了年纪的男人。大家都担心有一天她会嫁给他。但过了一段时间，这个男人就搬走了。这个女孩一直住在那里，一个求婚者也没有，直到她二十六岁那年。在她活动的圈子里，这是很不寻常的，但没有人能解释清楚，因为没有人了解她的过去。她从小就和母亲进行激烈的斗争，所以她变得特别爱与人争吵。争吵让她体会到乐趣。母亲的行为时常激怒她，这促使她渴望战胜别人。激烈的唇枪舌剑是她最大的快乐，这一点显露出了她的虚荣心。她的"男性化"态度还表现在这一面：只有当她能打败对手时，她才会寻求这样的争吵。

　　二十六岁时，她认识了一位非常高尚的男士，这个人没有被她好战的性格所吓退，并且非常诚恳地向她求爱。他的态度谦恭顺从，亲戚们都要求她嫁给这个男人。这使她不得不一再解释，说这个男人让她感到很不愉快，不可能考虑和他结婚。如果我们了解她的性格，这一点就不难理解了。然而经过两年的抵抗，她最终接受了他，深信他已经成为自己的奴隶，自己可以对他为所欲为。她暗自希望这个人能成为父亲的翻版，只要她想要，他就会向她屈服。

　　她很快就意识到自己犯了一个错误。结婚几天后，她的丈夫就开始坐在房间里抽烟斗，舒舒服服地看他的报纸。早上他去上班，晚上准时回家吃饭，如果饭菜还没有准备好，他就会发牢骚。丈夫要求她整洁、体贴、守时，还有各种她不愿满足的无理要求。她的婚姻关系与她跟父亲之间的关系完全不一样。她所有的梦想都破灭了。她要求得越多，丈夫就答应得越少，而丈夫越向她暗示她的家庭职责，她做的家务就越少。她每一天都提醒自己，丈夫没有权力提出这些要求，因为她已经明确地告诉他，她不喜欢他。但这对她的丈夫没有任何影响。他继续无动于衷地提出要求，这使她觉得未来毫无幸福可言。在自我陶醉的热情中，这个正直本分的男人对她百般追求，然而一旦得到了她，他的热情就烟消云散了。

　　在她做了母亲之后，夫妻两人之间不和谐的关系也没有任何改变。她被迫承担了一些新的职责。与此同时，她与母亲的关系也变得越来越糟，因为母亲总是积极地维护女婿。持续不断的冲突使她的家里充满了火药味，难怪她的丈夫有时会表现得很粗暴，并且对她缺乏关爱，而有时这个女人的抱怨也确实有道理。丈夫的这种行为，是她令人难以接近的直接后果，而她的难以接近，又是由于她与自己的女性角色无法达成和解。她原以为自己可以永远扮演女皇的角色，过着悠闲的生活，身边跟着一个可以满足自己所有愿望的仆人。对她来说，只有在这种情况下，生活才有可能过下去。

那么，她现在该怎么办呢？她应该和丈夫离婚，然后回到母亲身边，宣布自己被打败了吗？她没有能力过独立的生活，因为她从来没有为此做过准备。离婚对她的自尊心和虚荣心将是一种侮辱。生活对她来说苦不堪言：一方面是丈夫的批评，另一方面则是喋喋不休的母亲，要求她保持清洁和整齐。

突然间，她也变得干净、整洁起来！她整天洗衣服，擦地板，打扫卫生。她似乎终于幡然醒悟，接受了母亲多年来反复灌输的教诲。一开始，看到她不停地清理书桌、橱柜和衣柜，母亲喜笑颜开，丈夫也为这个突然变化而感到高兴。但是，她把这些事情做得太过火了。她一直洗，一直擦，直到家里没有一块没擦洗过的地方。她干得热火朝天，以至于每个人都显得碍手碍脚。反过来，她的这种热情也干扰了其他人。如果她清洗的某件东西被别人碰了，她就会再洗一遍，而且只能由她来洗。

这种表现为不断洗刷和清洁的疾病，在一些女性身上十分常见。这些女性对抗自己的女性气质，试图通过清洁的美德来提升自己，使自己超越那些不爱清洁的人。她们在无意识中所做的努力，只是为了把整个家都搅乱。没有哪个家庭比这类女人的家庭更混乱了。她们的目标不是让家里一尘不染，而是让整个家庭陷入窘境。

我们可以举出许多这样的例子，在这些例子中，与女性角色的和解只是一种表面现象。这位患者没有女性朋友，与任何人都无法相处，也不懂得体谅他人，这完全符合我们对她生活模式的预期。

我们有必要在未来发展出更好的教育女孩的方法，可以让她们有更好的准备，与自己的身份和生活达成和解。有时候，即使在最有利的情况下，她们也无法与生活达成和解，上述例子就是如此。在我们这个时代，所谓"女性低劣"的谬见得到了法律和传统的维护，尽管任何真正有洞察力的人都会否认这一点。因此，我们必须时刻提防着，识别并抵制我们的社会在这方面出现的错误态度和行为。我们必须加入这场斗争，并不是因为我们对女性的尊重做了某种病态的夸大，而是因为当前这种错误的态度否定了我们整个社会生活的逻辑。

让我们借此机会来讨论另一种经常贬低女性的问题：所谓的"危险年龄"，即女人五十岁左右这个时期，与此同时出现的是某些性格特征的加强。生理上的变化向更年期的女人表明，令人痛苦的时刻已经来临，她将永远失去自己在一生中辛苦建立起来的微不足道的意义。在这种情况下，她将加倍努力寻求任何有用的手段，来维护自己目前比以往任何时候都更加危险的地位。我们的文明被这样的原则所支配：存在于眼前的东西才是价值的来源，每个上了年纪的人，尤其是上了年纪的女性，在这个时期都会经历困难。

完全否定年老女人的价值，对她们所造成的伤害同时也影响着每一个人，因为我们不可能只在壮年时期一天天地计算自己的价值。一个人在盛年时所取得的成就，必须在他日薄西山时仍旧归功于他。仅仅因为一个人变老，就将他完全排除在社会的精神和物质关系之外，这是极大的错误。对一个女人来说，这实际上相当于一种贬低和奴役。想象一下，当一个妙龄少女想到她未来生命中的这个时期，她会有多么焦虑！女性的气质并不会在五十岁时就消失不见。一个人的荣誉和价值会超越某个年龄段而保持不变，这一点必须得到保证。

两性之间的紧张状态

所有这些不幸的现象，都建立在我们文明的错误之上。如果我们的文明带有偏见，那么这种偏见就会延伸到每一个角落，并以各种形式表现出来。"女性低劣"的谬见，以及由此得出的"男性优越"的谬论，不断干扰着两性之间的和谐。其结果是，两性关系中出现了非同寻常的紧张状态，不仅威胁到两性之间的幸福，而且经常会摧毁每一个人幸福的机会。我们的整个爱情生活，都被这种紧张状态所毒害、扭曲和腐蚀。这就是为什么我们很少能见到幸福的婚姻，为什么许多孩子从小就觉得婚姻是一件极其艰难和危险的事。

上文描述的这些偏见，在很大程度上阻碍了孩子充分理解生活。想想那么多的年轻姑娘，她们仅仅把婚姻看作生活中的一个紧急出口！想想那些不幸的男男女女，他们仅仅把婚姻看作不可避免的灾祸！由两性之间的紧张状态所产生的困难，到今天已有铺天盖地之势。女性越是逃避社会强迫她扮演的性别角色，男性越是渴望扮演自己的特权角色（不管这种地位有多么虚假），这些困难便会愈演愈烈。

同伴关系是男女角色真正和解的标志，是两性之间真正平等的指标。在两性关系中一方从属于另一方，就如同国际关系中一国附属于另一国一样令人难以忍受。每个人都应该认真思考这个问题，因为错误的态度可能会给双方都带来相当大的困难。作为我们生活的一个方面，两性关系是如此普遍和重要，我们每个人都参与其中。在我们这个时代，它变得更加错综复杂，因为每个孩子都在强迫之下形成了一种贬低、否定女性的行为模式。

当然，一种从容的教育可以克服这些困难。但是我们这个时代如此匆忙，缺乏真正经过证实和检验的教育方法，我们的整个生活中又充满了竞争（这种竞争的触角甚至伸到了幼儿园），这一切都生硬地决定了人们以后的生活取向。许多人不敢或不能建立爱情关系，这种恐惧或无能主要是由毫无意义的压力造成的，它迫使每一个男人在任何情况下都要证明自己的男子气概，即便他必须通过背叛、恶意或武力来证明。

不必说，这毁掉了爱情关系中所有的坦诚和信任。唐璜[1]就是这样一个人，他怀疑自己的男子气概，不断地靠征服异性来证明自己。两性之间普遍的不信任，阻碍了所有的坦诚，使整个人类都为此受苦。被夸大的男子气概的理想，意味着持续的挑战、鞭策和焦虑不安，其结果自然是追求虚荣、自我美化以及对"特权"的维护。当然，所有这些都与健康的社会生活背道而驰。我们没有理由反对女性解放运动的宗旨。我们的责任是支持她们争取自由和平等的努力。因为整个人类的幸福最终取决于这一前提：女性能够与她的女性角色达成和解。男人能否妥善地解决他与女人的关系，同样也取决于这个前提。

改革的尝试

在为改善两性关系而形成的所有制度中，男女同校的做法是最为重要的。这一制度尚没有被普遍接受，有人反对，也有人支持。支持者最有力的论据是：通过男女同校，两性可以尽早互相了解，而通过这种了解，可以在一定程度上避免错误的

1　英国诗人拜伦的代表作《唐璜》中的主人公。*

偏见及其灾难性的后果。而反对者的意见通常是：男孩和女孩在入学时差异就已经很明显，男女同校只会加剧这些差异。男孩会感受到相当大的压力，因为在学生时代，女孩的心理发展要比男孩快得多。这些必须维护自己特权、证明自己更能干的男孩必定会突然意识到，自己的特权不过是个一触即破的肥皂泡。还有研究者认为，在男女同校的教育中，男孩在女孩面前会变得焦虑不安，丧失自尊。

毫无疑问，这些反对意见有一定的道理，但只有当我们从两性竞争的角度去思考男女同校的问题时，这些观点才站得住脚。如果这就是男女同校对老师和学生的意义，那么这确实是一个有害的做法。如果我们找不到一位对男女同校有更好见解的教师，也就是说，如果没有任何教师能认识到，男女同校代表着对未来社会工作中男女合作的一种训练和准备，那么所有男女同校的尝试都注定会失败。反对者们也将从这一失败中看到自己观点的正确性！

要想充分描绘这整个情形，需要有诗人般的创造力。我们必须满足于指出其中的要点。我们知道，青春期的女孩容易表现得好像自己低人一等，而我们所说的关于器官缺陷的补偿机制也同样适用于她。不同之处在于：女孩的自卑感是她所处的环境强加给她的。她不可挽回地被引导到这一行为的轨道中，即使富有洞察力的研究者也不时会掉入陷阱，认为女性确实低人一等。这种谬见的普遍结果是，两性最终都会陷入名望竞争的泥潭，双方都试图扮演并不适合自己的角色。

结果会怎么样呢？结果是，男女两性的生活都变得更加复杂，他们之间的关系丧失了所有的坦诚，他们头脑中充满了谬误和偏见，因此所有幸福的希望都会化为泡影。

8

家庭格局

我们常常会注意到这样一个事实：在对一个人做出判断之前，首先必须了解他的成长环境。其中一个十分重要的方面，就是作为孩子在家庭中的位置。在获得足够的专业知识后，我们通常能够据此对人进行分类，识别出他究竟是家中的长子、幼子还是独生子。

幼子

人们似乎很久之前就知道，幼子通常属于特殊的一类。无数的神话故事、民间传说和《圣经》故事都证明了这一点，在这些故事中，最小的孩子往往经历颇为相似。事实上，他确实在一个特殊的环境中长大，因为对父母来说，他是一个特别的孩子。作为家中的幼子总是受到细心的照料，他不仅是最年幼的，而且是最弱小的，因此也是最需要帮助的。在他还很柔弱的时候，他的兄长们已经获得了一定程度的独立和发展。正因如此，他通常在更温暖的家庭氛围中长大。

幼子由此形成了一系列的特质，这些特质显著地影响着他对生活的态度，并使他成为一个与众不同的人。在此，我们必须注意一种似乎与我们的理论相矛盾的情况，即没有哪个孩子愿意一直做那个最小的、不被人信赖的孩子。这样的位置会激发孩子去证明，自己什么都能做到，他对权力的追求变得异常突出。我们会发现，幼子通常有一种想要战胜一切的欲望，想要把所有事情都做到最好。

这种类型的孩子并不少见。有些幼子超过了其他所有的家庭成员，成了家里最能干的人。但在这些最年幼的孩子中，有些人则没那么幸运。他们渴望出类拔萃，但由于与兄长之间的关系，他们缺乏必要的行动和自信。幼子如果无法超越兄长，就会经常逃避自己的任务，变得懦弱，成为一个永远都在寻找借口逃避责任的"原告"。他的野心并没有变小，只不过掉转了一个方向，使自己设法摆脱目前的处境，在生活的必要问题之外满足自己的野心，从而尽可能地避开对自身能力的真正检验。

毫无疑问，许多读者都会想到，这个幼子表现得好像自己受到了忽视，内心有一种自卑感。在研究中，我们总是能够发现这种自卑感，也能够从这种痛苦情绪中，推断出其心灵发展的形式和品质。从这个意义上说，幼子就像一个带着缺陷器官来到这个世界上的孩子。他所感受到的不一定是真实情况。对他来说，真正发生了什么并不重要，自己是否真的低劣也不重要，重要的是他对自己处境的解读。我们很清楚，人在童年时期很容易犯错误。在这一时期，孩子要面临大量的问题、可能性和后果。

那么，教育者应该做些什么呢？应该激发孩子的虚荣心，给他施加额外的刺激吗？应该不断将孩子推到聚光灯下，让他永远做第一名吗？这实际上是对生活挑战的一种软弱的反应。经验告诉我们，一个人是不是第一名并没有什么不同。相反，更好的做法是强调它的反面，即告诉孩子，是否成为第一或做到最好并不重要。我们真的已经厌倦了那些除了优秀就一无所长的人。历史和经验都表明，幸福并不在于成为第一或做到最好。向孩子灌输这样的原则会使他变得片面，而且最重要的是，这剥脱了他成为一个好伙伴的机会。

这种教育的第一个后果就是：孩子只会考虑自己，一直怀疑别人是不是会超过他。对同伴的嫉妒和憎恨，以及对自己地位的焦虑，在他幼小的心灵中不断滋长。他在生活中所处的位置，使他成了一个超速者，试图超越其他所有孩子。他灵魂中的那个参赛者——那个马拉松选手——通过他全部的行为（尤其是一些小动作）暴露出来。对那些没有学会根据人的所有关系判断其心灵生活的人而言，这些小动作并不明显。例如，这些孩子常常会走在队伍的最前面，不能容忍任何人超过自己。这种竞赛的态度是许多孩子的性格特征。

这种类型的幼子有时会被视为典型的例子，尽管其他类型也很常见。在最年幼的孩子中，我们发现了一些非常积极能干的人，他们甚至成为整个家庭的救星。想想《圣经》中约瑟 [1] 的故事吧，这是对家中幼子处境极为精彩的阐述。过去的历史向我们讲述这个故事，逻辑清晰，证据确凿，就像今天我们费尽力气得出的结论一样。在几个世纪的历程中，许多有价值的资料都丢失了，我们必须想方设法重新找回来。

另一种类型的孩子也很常见，他们是从第一种类型发展而来的。想想我们的马拉松运动员，突然遇到一个自己都不相信能够跨越的障碍，当然会试图绕过去，避开这个障碍。这种类型的幼子一旦失去勇气，就会变成我们所能想象的最懦弱的人。我们发现，他会远离生活的前线，任何工作似乎都超出了他的负荷，他会变成一个名副其实的"托词艺术家"，不愿尝试任何有用的事情，最擅长的就是浪费时间。在任何实际的冲突中，他总是一败涂地。通常我们会发现，他在小心翼翼地寻找一个不存在任何竞争的活动领域。他总是为自己的失败找借口。他可能会争辩说，自己太软弱、太娇惯了，或者他的兄长不允许他有所发展。如果他确实有生理缺陷，他的命运就会变得更加

1　约瑟是雅各的第十一子，也是家中的幼子，因受到父亲偏爱而遭众兄嫉恨。*

悲惨。在这种情况下，他肯定会利用自己的柔弱，来为自己的逃避辩护。

这两种类型的孩子都很难成为他人的好伙伴。在这个注重竞争的社会里，第一种类型的孩子会生活得好一些，这类孩子会通过牺牲他人，来维持自己的心灵平衡。而第二类孩子则一直处于自卑感的压迫之下，一生都在忍受无法与生活达成和解的痛苦。

长子

家庭中的长子也有着明确的特征。首先，在心灵生活发展方面，他具有得天独厚的优势。历史证明，长子拥有特别有利的地位。在许多民族、许多阶层中，这一优势地位已经成为传统。

让我们来举个例子。毫无疑问，欧洲农民的长子很小就知道自己的地位，意识到自己有一天会接管农场。因此，他发现自己的地位远远优于其他孩子，而后者知道自己终将离开父亲的农场。其他社会阶层的人们也普遍认为，长子总有一天会成为一家之主。即使在这一传统不那么明确的阶层，比如在低微的中产阶级或无产阶级家庭中，长子通常也被认为有足够的权力和常识，可以成为父母的帮手或者代言人。可以想象，对一个孩子来说，不断地被环境委以重任是多么重要。我们可以想象，他的心理过程多多少少是这样的："你更高大、更强壮、更年长，因此你也一定比其他人更聪明。"

如果他在这个方向上的发展没有受到干扰，我们就会发现，他可能会成为法律和秩序的守护者。这种人对权力特别重视。这不仅涉及他们自己的个人权力，而且影响到他们对权力概念的总体评价。对长子来说，权力是一种不言自明的东西，是一种有分量、必须被尊重的东西。毫不奇怪，这类人通常是墨守成规的。

次子

对家中次子来说，对权力的追求也有其特殊之处。次子总是处于压力之下，在压力之下追求优越——决定其人生目标的竞争态度，在他的行动中表现得特别明显。家中有个人在他之前获得了权力，这个事实对次子来说是一个强烈的刺激。如果他能够发展自己的潜力，与长子进行竞争，他通常会以极大的热情迈步前进。而拥有权力的长子起初还感到自己相对安全，但很快就会感受到被次子超越的威胁。

《圣经》中关于以扫和雅各[1]的传说，就生动地描述了这种

1　以扫和雅各是一对双胞胎，以扫为长子，雅各为幼子，两个孩子在母亲的腹内便开始相互争斗。*

情况。在这个故事中，兄弟之间的斗争非常残酷，与其说是为了实际的权力，不如说是为了权力的幻象。在类似的情况下，这种斗争会强迫性地持续下去，直到次子的目标达成，战胜长子，或者次子斗争失败，然后退让，这种退让常常以神经症的方式表现出来。次子的态度类似于穷人的嫉妒，他总感到自己被人轻视、忽略。次子可能会把自己的目标定得太高，以致一生都为此受苦。他内心的和谐被打破了，因为他追求的不是实实在在的生活，而是转瞬即逝的虚构和毫无价值的幻象。

独生子

毫无疑问，独生子处于非常特殊的境遇，完全受着家庭教育的支配。可以说，独生子的父母在这件事上别无选择。他们将自己全部的教育热情，都投注在这个唯一的孩子身上。因此，独生子会变得极度依赖他人，总是等待别人给自己指引方向，总是在寻求别人的支持。他一直都被娇生惯养，习惯了一帆风顺，因为人生路上总有人帮他清除障碍。由于经常成为关注的焦点，所以他很容易自命不凡。他的处境对自己十分不利，形成错误的态度在所难免。如果父母能够理解他处境中的危险性，那么许多困难其实是可以避免的，但要做到这一点并不容易。

独生子的父母往往格外谨慎，他们自己经历过生活中的风浪，因此对自己的孩子总是过分关心。但反过来，孩子会将父母的关注和告诫看作额外的压力来源。父母对孩子健康和幸福的过分关注，最终促使他认为世界是一个充满敌意的地方。他对困难产生了一种永恒的恐惧，以一种生疏而笨拙的方式处理困难，因为他从来只经历过生活中愉快的事情。这样的孩子在任何的独立活动中都会遇到困难，他们迟早会成为生活中的无用之人。他们在生活的航道上注定会搁浅。他们就像无所事事的寄生虫，只会享受生活，而其他人则时时要关心他们的需求。

多子女

如果是几个同性或异性的兄弟姐妹之间相互竞争，可能会出现多种不同的组合。因此，对这种情况进行评价变得相当困难。

这里要谈的是一个男孩和几个女孩的情况。在这样的家庭中，女性的影响力占据优势，男孩则被推到背景中，尤其当他是家中的幼子时，他会看到自己与一群女性相对立。他追求认同的努力会遭遇很多困难。他承受着来自四面八方的威胁，从未确定地感受到我们这个"文明"社会赋予每个男性的特权。持久的不安全感，不能正确评价自己的价值，是他最典型的性格特征。他可能会被身边的女性吓到，觉得男性只配占据一个卑微的位置。一方面，他的勇气和自信会很容易消失不见；另一方面，他可能会深受刺激，然后强迫自己取得更大的成就。这两种情况都源于同一种境遇。这类男孩的结局如何，取决于其他密切相关的现象。

＊　　＊　　＊

因此我们看到，一个孩子在家庭中所处的位置，可能会影响到他自身的各种本能、倾向、能力及诸如此类的东西。这一现象使"特定的性格特征或才能来自遗传"的理论失去了价值，这种理论对所有的教育活动都是极为有害的。毫无疑问，在某些场合和情况下，我们可以看到遗传带来的影响。例如一个完全脱离父母成长的孩子，会发展出某些类似的"家族"特征。如果我们还记得，孩子某些错误的发展与遗传的身体缺陷如何密切相关，那么这个问题就更好理解了。以某个体弱多病的孩子为例，这种情况使他对生活和环境的要求感到紧张不安。如果他父亲有着同样的器官缺陷，对这个世界同样感到紧张不安，那么出现类似的错误和性格特征也就不足为奇了。从这个角度来看，这种认为"性格来自遗传"的理论似乎证据并不充足。

根据前文的描述，我们可以假定，无论一个孩子在发展中遇到什么错误，最严重的后果都源自他有这样一种欲望，即他渴望凌驾于所有同伴之上，渴求更多的权力，以使自己比同伴更具优势。在我们的文化中，他实际上被迫按照一种固定的模式发展。如果我们希望阻止这种有害的发展，就必须知道他必然要遇到的困难，并理解这些困难。有一个重要的观点，可以帮助我们克服所有这些困难，那就是发展社会感的观点。如果个体的社会感发展良好，这些困难就会变得微不足道。但是，由于在我们的文化中这种发展的机会相对较少，因此孩子遭遇的困难就会扮演重要的角色。一旦认识到这一点，当我们发现许多人一生都在为生存而战，还有一些人生活在痛苦的深渊中，就不会感到惊讶了。我们必须明白，这些人都是某种错误发展的受害者，这种发展的不幸后果，使得他们对待生活的态度也是错误的。

因此，我们在评价他人的时候应该虚怀若谷。最重要的是，永远不要做任何道德评判，不要评价一个人的道德价值。相反，我们必须使自己关于这些事实的知识具备社会价值。我们必须同情地对待这样一个犯错误和被误导的人，因为我们比他自己更了解他的内心所发生的一切。这使我们对教育问题产生了新的重要观点。认识到错误的来源，使我们掌握了许多有影响力的改进方法。通过分析一个人心灵的结构和发展，我们不仅可以了解他的过去，而且能进一步推断他的未来。因此，科学使我们了解到人类真正的面貌。对我们来说，他成了一个活生生的个体，而不仅仅是一个扁平的轮廓。因此，我们对他作为人类同胞的价值，就有了比平常更丰富、更有意义的看法。

附　录

教育概论

在此，让我们对前面论述中时而提到的一个问题补充几句话。那就是，在家庭、学校和生活中，教育对我们的心灵成长有哪些影响。

毫无疑问，当今的家庭教育在极大程度上助长和教唆了对权力的追求和虚荣心的发展。在这一点上，每个人都可以从自己的经验中吸取教训。确实，家庭具有很大的优势，很难想象有什么机构比家庭更适合照料孩子，使他们得到合适的教育。特别是在患病的情况下，家庭被证明是维持人类生存的最佳场所。如果父母也是优秀的教育者，有必要的洞察力，能够识别孩子错误态度或行为的苗头，并且能够通过适当的教育与其进行斗争，那么我们应该很高兴地承认，再也没有哪个机构比家庭更适合保护健康的人类了。

然而不幸的是，绝大多数父母既不是优秀的心理学家，也不是杰出的教育者。今天，不同程度的病态家庭利己主义，似乎在家庭教育中扮演着主要角色。这种利己主义要求自己家的孩子得到特别的培养、受到特别的重视，甚至以牺牲别人家的孩子为代价。因此，这种家庭教育犯了极其严重的心理学错误，给孩子们灌输了一种错误的观念，即他们必须比其他所有人都优越，并认为自己比其他任何人都要好。任何以父权观念为基础的家庭组织，都无法摆脱这种错误的思想。

　　现在，悲剧拉开了序幕。这种父权观念并非建立在人类群体感和社会感的基础上，它很快会引诱一个人公开或秘密地抵制社会感。当然，人们很少进行公开反抗。权威教育的最大弊端在于，它向孩子提供了一种权力理想，并向孩子展示了拥有权力所带来的快乐。于是，每个孩子都对支配权充满渴求，对权力充满野心，并且极度虚荣。今天，每个孩子都渴望爬上塔尖、受人尊敬，并且迟早会要求别人顺从和臣服，就像他曾在自己的环境中见到他人匍匐在最有权势之人的脚下那样。他对父母和世界上其他人的好战态度，就是这些错误观念不可避免的结果。

　　在当前家庭教育的影响下，孩子几乎不可能忽视优越感的目标。我们在喜欢扮演"大人物"的孩子身上看到了这一点，也可以在这些个体后来的生活中看到这种现象。这些个体的想法和对童年生活的无意识回忆清楚地表明，他们对待整个世界的态度仍然像对待他们的家庭一样。如果他们的态度或行为受到了阻挠，就会倾向于退出这个令其感到厌恶的世界。

确实，家庭也非常适合社会感的发展。但如果我们还记得对权力的追求和家庭权威氛围所产生的影响，我们就会发现，这种社会感只能得到一定程度的发展。第一次对爱和温情的寻求与母亲有很大的关系。也许这是孩子所能拥有的最重要的经验，因为在这种经验中，他意识到了另一个完全可信赖的人的存在。由此，孩子学会了区分"我"和"你"。尼采说过："每个人都是从他和母亲的关系中塑造出他所爱之人的形象。"裴斯泰洛齐[1]也曾明言，母亲是决定孩子与未来世界关系的典范。事实上，孩子与母亲的关系为他以后所有的活动奠定了基调。

在某种程度上，培养孩子的社会感是母亲的职责。我们注意到，孩子的古怪性格往往起源于他与母亲的关系，而他人格发展的方向就是母子关系优劣的指标。只要母子关系出现问题，我们通常就会在孩子身上发现某些社会缺陷。有两种类型的错误是最常见的。

第一类错误来自这一事实：母亲没有履行她对孩子的职责，所以孩子没有发展出社会感。这个缺陷是非常重要的，它会导致一系列令人不快的后果。这个孩子就像一个在敌国中长大的异乡人。如果我们想要帮助这样的孩子，只有重新扮演他母亲的角色，因为这个角色在孩子成长过程中缺失了。可以说，这

1　裴斯泰洛齐（J. H. Pestalozzi, 1746—1827），瑞士教育思想家、教育改革家。＊

是使他成为社会人的唯一方法。

第二类错误可能更经常出现，那就是母亲虽然承担了她的职责，但她以一种夸张、激烈的方式来承担这种职责，以至于孩子的社会感不可能超越母亲而存在。这样的母亲让孩子发展起来的情感完全投放到她本人身上。也就是说，这个孩子只对自己的母亲感兴趣，并将其他所有人拒之门外。不用说，这样的孩子也缺乏成为一个合格社会人的基础。

除了与母亲的关系，还有其他许多环节在教育中也发挥着重要作用。例如，一所能让人感到快乐的幼儿园，就能让孩子找到进入这个世界的坦途。如果我们还记得大多数孩子在人生的头几年面临着怎样的困难，能够与这个世界和谐相处或者觉得这个世界是快乐居所的孩子寥寥无几，那么我们就会明白，童年的早期印象对一个孩子来说有多么重要。这些童年印象是指明孩子在这个世界上前进方向的路标。

如果我们再想想这个事实，即许多孩子带着疾病来到这个世界上，体验到的只有痛苦和悲伤，而且大多数孩子并不曾拥有一所能给他们带来快乐的幼儿园，我们就能清楚地理解，为什么那么多孩子长大后既没有成为生活和社会的朋友，也没有受到在真正的人类社会中如花绽放的社会感的激励。此外，我们还必须把错误教育极其重要的影响考虑进来。严厉的权威教育能够摧毁一个孩子生活中可能拥有的一切快乐。同样，如果教育为孩子消除了道路上的每一个障碍，让他在温室中成长和发展，那么可以说，当他成年之后，他便无法生活在任何比这个"温暖的"家庭更残酷的环境中。

因此我们看到，在我们的社会和文明中，家庭教育并没有培养我们所渴望的人类社会的好伙伴。相反，它过多地助长了个人虚妄的野心和自我扩张的欲望。

那么，有什么方法可以弥补孩子发展中出现的错误，并使他的情况有所改善呢？答案是学校教育。不过更细致的考察表明，以当前的状况而言，学校教育也无法完成这项任务。今天几乎没有哪个老师愿意承认，在当前的学校条件下，他能够识别孩子身上的人为错误并加以纠正。老师对这项任务可谓毫无准备。他的工作是向孩子们兜售一套特定的课程，而不敢过多关心工作中的人性因素。此外，每个班里都有太多的孩子，这个事实也进一步妨碍了他完成这项任务。

难道没有其他办法能够消除家庭教育的缺陷了吗？有人可能会说，生活可以提供良好的教育。但是生活也有其特殊的局限性。生活本身并不适合改变一个人，尽管它有时似乎能起到这样的作用。人类的虚荣心和野心不允许它这么做。无论一个人犯了多少错误，他要么将责任推到其他人头上，要么觉得自己的处境是不可避免的。我们很少发现有人在生活中碰了壁，犯下了某些错误，然后会停下来进行自我反思。我们在前文中对情感滥用的分析就证明了这一点。

生活本身并不能带来任何本质的变化。这在心理学上是可以理解的，因为生活是在与人类的"成品"打交道，这些人已经有了明确的观点和目标，都在奋不顾身地追求权力。恰恰相反，生活可以说是最糟糕的老师。生活不会替我们考虑，不会向我们发出警告，也不会给我们指导，它对我们不理不睬，任由我们毁灭。

由此我们只能得出一个结论：唯一能带来改变的机构就是学校！学校职能如果不被滥用的话，是可以起到这个作用的。到目前为止，学校的情况都不尽如人意：一个人把学校掌握在自己手里，把它变成了一个工具，用来实现自己的虚荣心和野心勃勃的计划。今天，我们听到了在学校里重建旧式权威的呼声。旧式权威取得过什么有价值的结果吗？一贯有害无益的权威怎么会突然变得有价值呢？我们在家庭中已经看到过这种权威（家庭中的情况实际上还要好一些），但这种权威只带来了一个结果——普遍的反抗。所以，为什么学校里的权威就会有益呢？

任何权威只要本身没得到认可，而是强加在我们身上的，那就不是真正的权威。有太多孩子来到学校里，感觉老师不过只是国家的一个职员。既要将权威强加在孩子身上，而又不想给他的心理发展带来不幸的后果，那是不可能的。权威不能建立在强权的基础上，而只能以社会感为基础。学校是每个孩子在心灵发展过程中都会经历的一种环境，因此必须能够满足心灵健康成长的需要。只有当一所学校能够促进心灵的健康发展，我们才能说这是一所好学校，是适应社会生活的学校。

结论

在本书中我们试图阐明：人的心灵虽然产生于遗传物质，但它既有生理上的功能，又有心理上的功能。它的发展在很大程度上受到社会影响的制约。一方面，人类有机体的要求必须能够实现；另一方面，人类社会的要求也必须得到满足。心灵正是在这样的环境中发展的，它的成长通过这些条件得以体现。

我们进一步研究了这一发展过程，讨论了感知、回忆、情绪和思考的功能；最后，我们还讨论了性格特征和情感。我们已经表明：所有这些现象都是由不可分割的纽带联系在一起的。一方面，这些现象服从于社会生活的法则；另一方面，它们又受到个人追求权力和优越感的影响。因此，它们以一种特别的、个人的和独特的模式呈现出来。我们也已经说明了，个人追求优越的目标是如何被社会感（根据其发展程度）所修正，从而产生了具体的性格特征。这些性格特征并不是遗传的，而是与个人心理发展的模式相符合，并指向每个人心中或多或少有所意识的永恒目标。

这些性格特征和情感是我们了解人类的极有价值的指标，其中许多我们已经详细地讨论过，另一些不那么重要的则被略过。我们已经表明：每个人都有一定程度的虚荣心和野心，其大小取决于个体追求权力的方式。在这些表现中，我们可以清楚地看到个体对权力的追求，以及这种追求的活动方式。我们也已经说明了，虚荣心和野心的过度膨胀会如何阻碍一个人的正常发展。这样一来，社会感的发展要么受到阻碍，要么变得完全不可能。由于这两种性格特征的干扰性影响，社会感的发展不仅会受到抑制，而且会导致权力饥渴的个体走向毁灭。

在我们看来，这种心灵发展的法则是无可辩驳的。任何人想要有意识地、公开地安排自己的命运，而不是让自己成为幽暗和神秘倾向的牺牲品，都要接受这一尺度的衡量。这些研究是人性科学中的实验，而人性科学必须得到传授或发展。对人性的理解，似乎对每个人来说都是必不可少的；而对人性科学的研究，正是人类心灵最为重要的活动。

（全文完）

译后记 走近阿德勒
郑世彦

阿尔弗雷德·阿德勒拥有许多头衔——人本主义心理学先驱、个体心理学创始人、精神病医生、畅销书《自卑与超越》的作者。我们可能对他的这些成就再熟悉不过，而对他这个人本身却感到有些陌生。

如果用阿德勒心理学的方法来了解他自己，我们可以去看他的早期回忆。一个人早期回忆反映的问题是什么，他一生努力的方向就在哪里。

悲惨的童年记忆

1870年2月7日，阿德勒出生于维也纳近郊小镇的一个谷物商人家庭，在六个孩子（另有二人夭折）中排行第二。

尽管物质生活十分优渥，阿德勒的童年时光却充满了悲惨与无奈。由于罹患佝偻病，小阿德勒直到四岁才学会走路。而这一年弟弟鲁道夫的夭折，也让他幼小的心灵蒙上了一层阴影。在五岁那年，阿德勒又经历了一场生死磨难。在一个寒冷的冬天，一个大男孩带他去滑冰，可是后来不见了人影。阿德勒站在冰面上冻得瑟瑟发抖，只好自己跌跌撞撞地走回了家。这次阿德勒不幸地感染了肺炎，医生认为他已经康复无望，但他最终幸运地从死神手里逃脱了。

相较于身体上的缺陷带来的自卑感，心理上的自卑感或许更加难以得到补偿。除了自身疾病的打击，哥哥西格蒙德带来的压力更是让阿德勒感到危机四伏。

自幼便疾病缠身的阿德勒，每做一个动作都十分费力且痛苦，只能眼巴巴地看着身体健康的哥哥奔跑、跳跃，轻松地玩耍。与英俊、魁梧的哥哥相比，阿德勒既身材矮小、略有些驼背，又长着厚实的额头和宽大的嘴巴，外表怎么看也算不上出色。所有的证据都显示西格蒙德是家里最聪明、最有天赋的孩子。阿德勒总觉得自己生活在这位模范大哥的阴影之下，不管自己怎么努力，也不可能达到他那超凡的成就。甚至到了中年，他还会如此评价已成为富商的哥哥："一个善良又勤奋的家伙，他一直超过我！"

超越自卑

　　童年的病痛和哥哥的压力，难免导致阿德勒的自卑感。"每个人都有自卑情结"，作为最早对自卑感进行分析的心理学家，阿德勒从不避讳谈论自卑，也并不认为自卑是纯粹负面的东西。"自卑感本身并不是变态的，它是人类之所以进步的原因，是人类全部文化的基础。"

　　他从小便不甘示弱，努力超越自我，一段"童年回忆"便是证明：阿德勒上学的路上要经过一片坟地，每次走过时他都很恐慌。但是别的同学走过坟地时似乎毫不在意，阿德勒为此苦恼不已。有一天，他决心克服这种恐惧，使自己坚强起来。于是，他把书包放在一旁的草地上，多次来回穿越坟地，直到克服了恐惧为止。不过后来别人告诉他，上学的路上根本没有坟地。

　　因在童年时代饱受病痛的折磨，阿德勒在儿时便立誓长大后要成为一名医生。但这个目标实现起来并不容易。尽管阿德勒就读的是一所很好的中学，但他的成绩并不好，尤其是数学让他烦恼不堪，甚至在第一年都未能及格。面对阿德勒如此糟糕的学业表现，老师甚至告诉他父亲，唯一适合这孩子的工作就是鞋匠学徒。

　　这当然不是阿德勒想要的。于是他化自卑为动力，变缺陷为长处，最终成了班上成绩最好的学生之一。对此，阿德勒说：

"这次经历让我看清了特殊才能和天赋异禀这种论断的荒谬性。"

不管怎么说,阿德勒的努力没有白费。十八岁那年,他如愿考入维也纳大学医学院,并最终取得医学博士学位,成为一名执业医师。在这之后的几年里,阿德勒主要做了三件事:娶妻生子,撰写著作,私人执业。

早在学生时代,阿德勒就对社会主义理论产生了兴趣,曾多次参加社会主义者的集会,并因此遇到了日后的妻子莱莎·爱泼斯坦(Raissa Epstein),一位来自俄国的社会主义者。

莱莎出生于一个富裕的俄国犹太家庭,因当时俄国大学不允许女性入学,她便跑到瑞士苏黎世上大学,后又因参加社会运动而来到维也纳。阿德勒和莱莎很可能是在1897年三、四月间一次社会主义者集会活动上邂逅的。

同年夏天,阿德勒按捺不住内心的冲动,开始追求莱莎,但屡遭挫折。阿德勒毫不气馁,整个炎炎夏日一直在给心上人写着爱意浓烈的情书。到了9月,莱莎终于被阿德勒的痴情打动,但她此时已回到俄国。收到答复后,阿德勒马上提笔回信,并坚定地向莱莎保证:"虽然我小时候患过重病,但现在很健康。我成了医生,战胜了死亡,我有能力和你共创美好的未来。"

1897年12月23日,阿德勒和莱莎在俄国举行了婚礼。婚后,莱莎依然保持独立自主,热衷于社会主义活动,两人聚少离多。

1898年,阿德勒出版了自己的第一本专业著作《裁缝行业健康手册》。这本只有三十一页的小册子,呼吁社会正视工人们恶劣的工作环境，关注他们的疾病和健康状况。在妻子这位坚定的社会主义者的影响下，阿德勒积极探索马克思主义与心理学之间的联系，尽管并未成功，但他仍可算得上一位人道主义者。

次年，阿德勒在维也纳布雷特公园附近开设了一家私人诊所，成为一名执业医师。诊所主要面向社会中下层人群，病人来自三教九流，其中包括一些马戏团里的杂耍演员。他发现，许多演艺人员在早年生活中都经受着某种缺陷的折磨，后来通过不懈的练习成功地战胜了缺陷。这些心得令他回忆起自己幼年时为战胜病痛所做的抗争，他将这些观察全部带入了自己关于器官缺陷和补偿的理论中。

而这似乎也正是阿德勒一生的写照——在自卑与超越之间奋力前行！

另一个"西格蒙德"

有趣的是，阿德勒的人生才刚步入正轨，童年被哥哥西格蒙德压制的一幕就再度上演了。职业生涯起步不久的阿德勒，就遇到了另一个"西格蒙德"——西格蒙德·弗洛伊德（1856—1939）。后来，弗洛伊德的精神分析被人们称为"维也纳第一心理学派"，而阿德勒的个体心理学则只能被称为"维也纳第二心理学派"。

从1902年到1911年这近十年间，阿德勒一直活跃在以弗洛伊德为首的精神分析圈子里。据说故事是这样开始的：当时《新自由报》刊登了一篇针对弗洛伊德《释梦》一书的批评文章，阿德勒立即公开声援弗洛伊德。此举引起了弗洛伊德的注意，他写了一张表示感谢的明信片，邀请阿德勒参加自己组织的"星期三心理学社"（维也纳精神分析学会的前身）。不过这种说法缺乏足够的证据，《新自由报》并没有刊登过任何一篇关于《释梦》的评论文章。

不管事实究竟如何，阿德勒收到邀请后（明信片是真实存在的，并被保留下来），立即表示十分愿意参加。学社创立之初只有五名成员，气氛却是"相当激动人心"。在弗洛伊德的领导下，这个五人小团体保持了高度的和谐一致，每周三晚上8点半都会碰撞出思想的火花，在心理学研究的道路上不断探索前行。

阿德勒每周都风雨无阻地参加会谈并且积极发言，成为其中最活跃的成员。当然，弗洛伊德也没有亏待这个勤奋上进的年轻人。1910年，他任命阿德勒为维也纳精神分析学会的主席和《精神分析杂志》的主编。

然而，阿德勒童年的自卑感仍在隐隐作痛、伺机发作。他把弗洛伊德视作另一个要去挑战的"哥哥"，对其理论根基提出异议，而这对弗洛伊德而言自然是无法容忍的。

1911年秋天，在维也纳精神分析学会的再次聚会上，两人的关系终究还是不可挽回地破裂了。会议的第一个议程就是"迫使阿德勒一伙人离开"，最后，阿德勒带着六个伙伴默默地离开了学会。

两人之间的决裂并非单纯的权力之争，也无法仅用学术理念的差异来解释。事实上，两人在诸多方面都风格迥异，学会中人人都承认，在各个方面都再也找不到比他们更相异的两个人了。弗洛伊德一丝不苟，冷峻高傲，在治疗上刻意保持距离；阿德勒则不拘小节，亲切随和，积极介入治疗过程。弗洛伊德离群索居，专注于心理学体系的宏大构建；阿德勒则喜爱社交，热衷于向大众传播心理学常识。弗洛伊德无法坐视自己的精神分析学说被阿德勒的"浅显理论"所革新，因而下定决心将其逐出门户。

两位心理学巨头最终的分道扬镳并不体面，弗洛伊德骂阿德勒是个"变态"，是"妄想、嫉妒和玩世不恭的矮子"；阿德勒也回敬道，弗洛伊德是个"骗子"，他的精神分析就是"垃圾"。然而，这次决裂可能正是阿德勒期盼已久的——他不想一直活在弗洛伊德的阴影之下。

离开精神分析学会后，阿德勒和几位志同道合的伙伴走进一家咖啡馆，决定成立一个新的团体——自由精神分析协会。他们想要更多的自由，打破精神分析学说的框架与束缚。1912年，这个团体更名为"个体心理学协会"，阿德勒也开始称自己的理论为"个体心理学"。

不过，随着个体心理学协会的发展，它遇到了精神分析学会曾经面临的窘境，阿德勒也处在了弗洛伊德当年的位置上。两位医生公开宣布退出协会，几个弗洛伊德的支持者对此则幸灾乐祸，想看阿德勒如何处理这棘手的事。阿德勒想听听其他人的意见，便示意自己身边年轻的维克多·弗兰克尔（1905—1997）说几句。弗兰克尔尽力调停，但表示应该为不同观点保留一席之地。阿德勒一怒之下，将他们全部逐出协会。

弗兰克尔这个二十岁出头的年轻人，曾经舍弃弗洛伊德而选择加入阿德勒的阵营，如今却落得被阿德勒无情驱逐的下场。不过这也为他免除了一大困扰，他再也不用担心自己的"意义疗法"被人们视作从属于阿德勒学派。日后，弗兰克尔的意义疗法被称为"维也纳第三心理学派"，他也以自己的代表作《追寻生命的意义》而闻名于世。

一心自立门派的阿德勒，却一直难以彻底摆脱弗洛伊德的阴影，甚至逐渐走向了自己曾经最痛恨的弗洛伊德式专断作风。

最能激起阿德勒怒火的，莫过于有人称他曾是弗洛伊德的门生。每次他都会勃然大怒，并拿出自己一直保存的一张明信片（正是弗洛伊德当年邀请他参加学社聚会的那张），向人们展示和强调：弗洛伊德当时称呼阿德勒为"非常令人尊敬的同事"，落款则是"您的同事弗洛伊德博士"！

一位经常出现在阿德勒课堂上的美国年轻人，有一次无意间说起阿德勒曾是弗洛伊德的门生，阿德勒顿时气得满脸通红，高声反驳，引得人们纷纷侧目。这位年轻人吓得不知所措，但他还是从阿德勒这位良师那里收获颇多，后来成为著名的心理学家，他就是"需求层次理论"的提出者马斯洛（1908—1970）。

而有趣的是，在相处过程中，当马斯洛开始表现得更像地位平等的同事而不是学生时，阿德勒就变得越来越易怒。

面向社会的心理学

的确，在维护自身权威方面，阿德勒和弗洛伊德或许有类似的一面，但两人的理论却是真正地渐行渐远。

在1914年发行的第一期《个体心理学杂志》中，阿德勒这样写道：

> "个体心理学"这个名称传达了这样一种观念：心理过程及其表征只有在个体的背景下才能得到理解，所有心理学的真知灼见都源于个体本身。我们当然知道完全理解一个单独的个体绝无可能，但是不能阻止我们在一定的历史背景下了解个体的整体人格。

从这段文字中我们大致可以看出，阿德勒的个体心理学与弗洛伊德的精神分析之间差异究竟在何处。

弗洛伊德喜欢使用自然科学的研究方法去分析人类的精神世界，例如意识、前意识和无意识，本我、自我和超我的划分；而阿德勒强调的则是一种"关注人性的哲学和重视个体整体性"的心理学，关注的是人格的整体性和一致性。在神经症的起源问题上，弗洛伊德认为来自童年性欲的压抑和扭曲，而阿德勒认为源于童年器官缺陷带来的自卑感。不可否认的是，两人的解释在很大程度上都依赖于自己的个人经验。

　　另一个重要的区别则在于：弗洛伊德关注个体的过去——是什么原因使一个人变成了现在这个样子；而阿德勒更关注未来——是什么目标在引领一个人克服缺陷，追求卓越！正如阿德勒所说："我们得问神经症从哪里来，更重要的是向何处去……也就是他的生活计划是什么。"

　　如果说弗洛伊德是一名寻找病根的良医，那么阿德勒则更像一位教育家。他强调的是一个人如何健康地成长和发展，关注个体生命的意义——教导一个人如何在世上安身立命。

　　阿德勒认为，人类的一切问题都可以归结为三个主题——职业、社交和爱情，由此构成了每个人都要面对的三个问题：如何谋求一种职业，使我们在自然资源的限制之下得以生存；如何找到我们在群体中的位置，使我们能够与人合作并分享合作的利益；如何调整我们自身，以理解两性的存在和依赖于两性关系的繁衍问题。每个人对这三个问题的回答，也即反映出他对生命意义的最深层感受。

阿德勒理论的众多应用之一是叙事取向的生涯咨询。其核心理念是，一个人最初面临的挫折或困境，会在个体的记忆中形成一种执念（preoccupation），而个体也会因此形成一种生活风格，有时是在无意识中将其转换成一种职业（occupation），从而克服童年时期的缺陷和自卑，实现生命的超越和完满。

　　许多心理学家认为阿德勒的理论过于浅显，依赖于对日常生活的常识性观察。弗洛伊德也曾嘲弄阿德勒的理论只需要几周时间就能掌握，"因为没什么东西可学"。而这恰恰就是阿德勒想要获得的效果，他花费了四十年的时间使自己的理论变得简单通俗、容易理解。

　　当我们阅读阿德勒时，会发现他谈论的家庭生活、学校教育、职业选择、两性关系等问题，似乎每个人都能插得上嘴、说道几句，但又没有人能像阿德勒那样看得明白、说得透彻，讲出那么多敏锐而富有见地的真知灼见。

　　不得不说，阿德勒学说比弗洛伊德关注的主题更为广泛，同时又比荣格（1875—1961）的神秘主义更为实用。他对生活和人性的看法，影响着一代代的现代心理学家，更影响了无数的读者和患者。

巅峰与落幕

1926年，阿德勒第一次踏上美国这片新大陆。与深居简出的弗洛伊德不同，阿德勒对于在美国多座城市做巡回演讲异常兴奋。美国媒体称阿德勒为"维也纳著名心理学家、精神病学家，广为人知的自卑情结之父"。他四处发表演讲，足迹遍布美国大小城市，并陆续出版了几部代表作的英文版。这不仅奠定了阿德勒在美国学界的地位，也标志着其职业生涯走向巅峰。

1930年，维也纳市议会决定授予阿德勒荣誉市民头衔，以表彰他的成就，并作为他六十岁生日的贺礼。然而，市长在颁奖仪式上致辞时却犯了一个大错，竟然称阿德勒是"弗洛伊德门徒中的佼佼者"，弄得阿德勒心中很是不快。

两次访美之后，阿德勒逐渐将学术事业的重心向美国转移，1929年起先后受邀担任哥伦比亚大学、长岛医学院的客座教授。1935年起，阿德勒开始定居美国。当然，他也没有放弃在欧洲各国的教学活动，于1937年5月安排了在英国举办数场演讲及研讨会的行程。途经荷兰时，阿德勒在一天晚上感到身体不适，但简单治疗后仍按计划在第二天前往英国授课。

到了英国，阿德勒先在伦敦待了一天，他曾发布通告，不接受任何患者。然而一位难民找上门来请求帮助，阿德勒还是接待了他。咨询结束后,这位难民问要付多少钱,阿德勒笑着说:"我从不接受难民的金钱。"他以实际行动证明了自己的格言——

"我的心理学属于每一个人"。

不料，就在英国阿伯丁授课的第四天，5月28日清晨，阿德勒在街上散步时突然心脏病发作，晕倒在地。尽管救护车及时赶到，但还是未能挽回他的生命。一代心理学宗师就此与世长辞，终年六十七岁。

阿德勒逝世后，《纽约先驱论坛报》的讣告写道：

> 阿德勒，自卑情结之父，拒绝成为精神分析的某个零件。他既有点像科学家弗洛伊德，又有点像预言家荣格，但他就是他自己，一个有益于众人的人。他离开了他心爱的个体心理学，离开了敬爱他的民众，也离开了这个深爱他的世界。

在某种程度上，阿德勒就像一个献身于伟大理想的信徒，对他而言，为了推广和发展个体心理学的理念而操劳终生，似乎也成了他的宿命。

阿尔弗雷德·阿德勒
Alfred Adler（1870—1937）

奥地利心理学家、精神病学家
被称为个体心理学之父、人本主义心理学先驱
与弗洛伊德、荣格并称 20 世纪三大心理学家

他对弗洛伊德学说进行了改造，独创性地提出了自卑情结及其补偿机制
的经典论述，将精神分析由生物学定向的本我转向社会文化定向的自我
心理学，深刻影响了现代西方心理学的发展

代表作有《自卑与超越》《儿童教育心理学》《个体心理学的理论与
实践》等

性格心理学

作者 _ [奥] 阿尔弗雷德·阿德勒　　译者 _ 郑世彦

产品经理 _ 陈顺先　　装帧设计 _ 董歆昱　　产品总监 _ 木木
技术编辑 _ 顾逸飞　　责任印制 _ 刘淼　　出品人 _ 吴畏

营销团队 _ 毛婷 阮班欢 孙烨

果麦
www.guomai.cn

以 微 小 的 力 量 推 动 文 明

图书在版编目（CIP）数据

性格心理学 / （奥）阿尔弗雷德·阿德勒著 ；郑世彦译. -- 天津 ：天津人民出版社，2022.1（2023.12重印）
ISBN 978-7-201-17890-5

Ⅰ．①性… Ⅱ．①阿… ②郑… Ⅲ．①个性心理学－通俗读物 Ⅳ．①B848-49

中国版本图书馆CIP数据核字(2021)第246340号

性格心理学
XINGGE XINLIXUE

出　　　版	天津人民出版社
出 版 人	刘　庆
地　　　址	天津市和平区西康路35号康岳大厦
邮 政 编 码	300051
邮 购 电 话	022-23332469
电 子 信 箱	reader@tjrmcbs.com

责 任 编 辑	金晓芸
特 约 编 辑	康悦怡
产 品 经 理	陈顺先
封 面 设 计	董歆昱

制 版 印 刷	捷鹰印刷（天津）有限公司
经　　　销	新华书店
发　　　行	果麦文化传媒股份有限公司
开　　　本	880毫米×1230毫米　1/32
印　　　张	9.75
印　　　数	20,001 - 25,000
字　　　数	185千字
插　　　页	2
版 次 印 次	2022年1月第1版　2023年12月第4次印刷
定　　　价	49.80元